I0001091

Wilhelm Kobelt

Die Gattung Turritella Lam

Die Gattung

Turritella Lam.

Bearbeitet

von

Dr. Wilh. Kobelt
in Schwanheim.

Nürnberg, 1897.
Verlag von Bauer & Raspe.
(Emil Küster.)

Systematisches

Conchylien-Cabinet

von

Martini und Chemnitz.

In Verbindung mit

Dr. Philippi, Dr. Pfeiffer, Dr. Dunker, Dr. Römer, Weinkauff, Clessin, Dr. Brot,
Th. Löbbecke und Dr. v. Martens

neu herausgegeben und vervollständigt

von

Dr. H. C. Küster,

nach dessen Tode fortgesetzt von

Dr. W. Kobelt.

Ersten Bandes Siebenundzwanzigste Abtheilung.

Nürnberg, 1897.
Verlag von Bauer & Raspe.
(Emil Küster).

Systematisches

Conchylien-Cabinet

von

Martini und Chemnitz.

In Verbindung mit

Dr. Philippi, Dr. Pfeiffer, Dr. Dunker, Dr. Römer, Weinkauff, Clessin, Dr. Brot, Th. Löbbecke und Dr. v. Martens

neu herausgegeben und vervollständigt

von

Dr. H. C. Küster,

nach dessen Tode fortgesetzt von

Dr. W. Kobelt.

Ersten Bandes Achtundzwanzigste Abtheilung.

Nürnberg, 1902.
Verlag von Bauer & Raspe.
(Emil Küster).

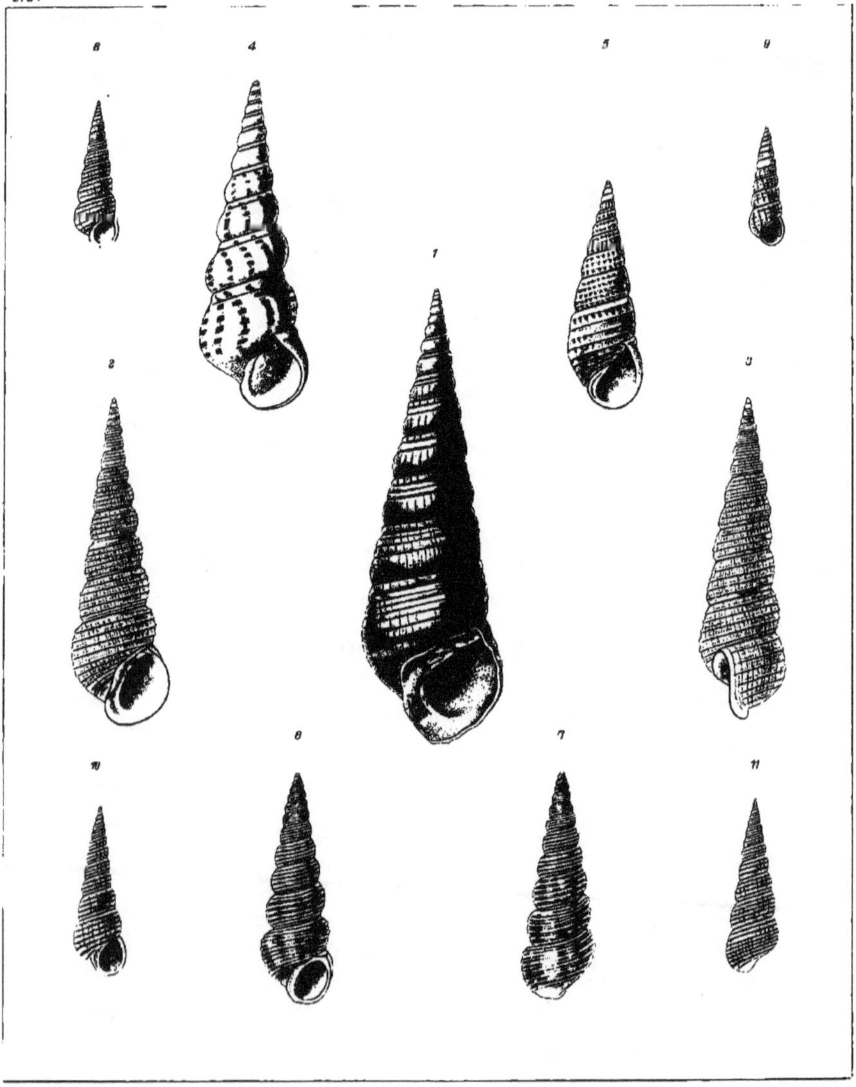
8
4
5
9
1
2
3
10
6
7
11

Wilhelm Kobelt

Die Gattung Turritella Lam

ISBN/EAN: 9783744637435

Hergestellt in Europa, USA, Kanada, Australien, Japan

Cover: Foto ©berggeist007 / pixelio.de

Weitere Bücher finden Sie auf **www.hansebooks.com**

3. Torcula Gray, Gehäuse nur mit schwacher, blasser Striemenzeichnung, Windungen kantig, mitten ausgehöhlt; Mündung viereckig, aussen mit einem schwachen Sinus.

4. Zaria Gray, Gehäuse ohne Zeichnung, die Windungen kantig, spiral gekielt, Mündung viereckig, Mundrand einfach.

5. Turritellopsis Sars, einfarbig, spiral gefurcht, mit arktischem Habitus, Windungen flach. Die Radula ohne Randzähne.

---

1. Turritella variegata Linné.

Taf. 1. Fig. 1—3.

Testa pyramidali-turrita, solida, apice acuto, albida vel purpurescente-spadicea, rufofusco variegata et strigata, liris interdum fusco et albo articulatis. Anfractus 15—16 leniter crescentes, apicales superne declives, infra contracti, sequentes planiusculi vel medio leviter concavi, spiraliter confertim lirati, liris inaequalibus, plerumque 4—5 distantibus majoribus, interdum subgranulosis, suprasuturali tumidiusculo latiore; sutura profunda, infra subcanaliculata; anfractus ultimus rotundato-angularis, infra convexiusculus, distincte liratus. Apertura rotundato-quadrangularis, basi effusa, faucibus roseo-albidis vel fuscescentibus, labro simplici, obtusulo; columella excavata, levissime contorta.

Alt. 80—90 mm.

Turbo variegatus Linné Syst. nat ed. 12 p. 1240.
Turritella variegata Reeve Conchol. icon. sp. 19.
— — Tryon Manual VIII p. 198 t. 61 fig. 58.
— imbricata Gmelin Syst. nat. ed. 13 p. 1239.
— — Lamarck Anim. s. vert. ed. II v. 9 p. 253.
— — Kiener Coq. viv. t. 9 fig. 2.
Turbo marmoratus etc. Chemnitz Conch. Cab. vol. IV p. 259 fig. 1422, nec Kien.
Turritella terebra Donovan Brit. Shells t. 22 fig. 2 (dextr.) nec L.

Gehäuse gethürmt pyramidal, festschalig mit spitzem Apex, weisslich bis blass purpurbraun, rothbraun gestriemt und geflammt, die stärkeren Reifen nicht selten braun gegliedert. Es sind 16—18 langsam zunehmende Windungen vorhanden, die obersten obenher abgeflacht, dann gewölbt und unten eingezogen, die anderen flach, in der Mitte mehr oder minder deutlich concav eingedrückt, durch eine deutliche, nach unten immer tiefer werdende, schliesslich rinnenförmige Naht geschieden, dicht und unregelmässig spiral gereift, meist mit vier weitläufigen stärkeren Reifen, über

Gattung Turritella Lamarck.

Testa elongato-turrita, spira acuminata, omnino imperforata, anfractibus numerosis, sculptura spirali distincta longitudinali fere nulla. Apertura parva, rotundata vel extus angulata, marginibus disjunctis, haud incrassatis.

Gehäuse verlängert gethürmt, mit ganz spitzem Gewinde, immer ohne Nabel, aber häufig mit einem durch eine Spiralkante abgegrenzten Basalfeld. Die Windungen sind zahlreich, bis über 20, und nehmen sehr langsam und gleichmässig zu; die Skulptur ist ausschliesslich Spiralskulptur, es kommen weder Längsrippen noch Stacheln noch Varices vor, während die Färbung, wenn vorhanden, vorwiegend aus Längsstriemen besteht. Die Mündung ist klein, gerundet oder unregelmässig viereckig mit einer ausgesprochenen Ecke nach aussen; die Ränder sind getrennt und nicht oder nur schwach verdickt. — Der Deckel ist hornig, kreisrund, mit centralem Nucleus und zahlreichen Windungen, die am Rand einfach, gefranzt oder behaart sind.

Thier mit einer kurzen breiten Schnauze und langen, pfriemenförmigen, divergirenden Fühlern; die Augen sitzen auf kleinen Vorsprüngen an deren äusserer Basis; der Mantelrand ist vorn und an der rechten Seite leicht gelappt oder gefaltet. Fuss sehr kurz, vorn abgestutzt, hinten verschmälert und stumpf, unten gefurcht; Deckellappen einfach. Kieme einfach, sehr lang.

Die Turritellen leben gesellig und finden sich in allen Zonen bis zum Polarmeer. Besonders reich entwickelt sind sie an der Westküste von Zentralamerika und im chinesischen Meer.

Wir unterscheiden (nach Abtrennung von Mesalia Gray und Mathilda Semper) folgende fünf Untergattungen:

1. Turritella s. str., mittelgrosse bis grosse Arten mit schwacher Spiralskulptur, meist einfarbig, Windungen und Mündung gerundet.

2. Haustator Montfort, ebenfalls spiral skulptirt, aber meist mit stärkeren Spiralreifen, mit oft reicher striemenartiger brauner Zeichnung; die Windungen abgeflacht, die Mündung mehr oder minder ausgesprochen viereckig.

der Naht mit einem breiteren vorspringenden Gürtel; die letzte Windung ist abgerundet kantig, an der Basis leicht gewölbt, mit deutlichen, durch breite Furchen geschiedenen Spiralreifen. Mündung abgerundet viereckig, unten ausgussartig, im Gaumen röthlich bis bräunlich; Mundrand einfach geradeaus, etwas abgestumpft; Spindel mitten ziemlich ausgehöhlt, dann leicht gedreht.

Aufenthalt an Westindien.

Linné hat auf die westindische Turritella zwei Arten gegründet, und nach den Gesetzen der strengen Priorität würde der Name imbricata die Priorität haben. Aber diese Art ist auf eine Abnormität mit skalarid ausgezogenen Windungen gegründet, wie sie unsere Figur 3 zeigt, allerdings eine häufig und constant vorkommende Form und ich ziehe deshalb mit Reeve und Tryon den auf die normal aufgewundene Form, gegründeten Namen vor. Das Fig. 3 abgebildete Exemplar der var. imbricata (= var. elongata Rve.) unterscheidet sich übrigens vom Typus auch noch durch die feinen, gleichen, weitläufigen Spiralreifen; selbst der Kantenreif ist nicht stärker und an der Basis sehe ich nur eine feine Streifung, keine Rippung. Uebrigens sind Zwischenformen nicht selten. Die Skulptur ist überhaupt sehr veränderlich. Tryon zieht auch Turitella meta Rve. hierher, und wahrscheinlich ist auch T. dura Mörch nur eine Varietät von variegata.

2. Turritella (Haustator) trisulcata Lamarck.

Taf. 1. Fig. 4. 5.

Testa acuminato-turrita, solida, oblique arcuatim striata, alba, apicem versus violascens, flammulis rufis distantibus ornata. Anfractus 16—18, supremi acute carinati, utrinque declives, sequentes vix convexiusculi, spiraliter confertissime liratuli costisque tribus majoribus spiraliter liratis conspicue cincti, interstitiis excavatis; sutura distincta, haud canaliculata; anfractus ultimus supra leviter excavati, costis 4, ad quartam angulatus, basi vix convexiusculus, circa columellam subexcavatus. Apertura ovato-quadrangularis, basi subeffusa, margine basali strictiusculo, columellari arcuato.

Long. 60—70 mm.

Turritella trisulcata Lamarck*) Anim. s. vert. ed. II vol. 9 p. 256.
— — Kiener Coq. vivants Turritella p. 15 t. 11 fig. 1.
— — Reeve Concholog. icon. sp. 17.
— — Tryon Manual VIII p. 201 t. 63 fig. 75.

*) T. testa turrito-acuta, transverse sulcata, albida, superne rubro-violacescente, inferne luteo flammulata; anfractibus convexiusculis, dorso sulcis tribus eminentioribus. Long. 23'''. — Ses flammules sont éparses.

Gehäuse hoch gethürmt, festschalig, deutlich mit gebogenen Anwachsstreifen skulptirt, weisslich, gegen die Spitze hin röthlich violett mit ziemlich weitläufigen gelblichrothen Flammenstriemen. Von den 16—18 sehr langsam zunehmenden Windungen sind die obersten scharf gekielt, beiderseits nur wenig gewölbt, die unteren schwach gewölbt, durch eine deutliche aber nicht rinnenförmige Naht geschieden, dicht und fein spiral gefurcht oder gereift, mit drei starken, vorspringenden, auf der Höhe ebenfalls spiral gefurchten Spiralrippen; die Zwischenräume sind deutlich ausgehöhlt. Für gewöhnlich sind diese drei Rippen gleichmässig vertheilt; bei dem Fig. 5 abgebildeten Stück sind aber die zweite und die dritte durch einen viel breiteren Zwischenraum getrennt; die letzte Windung ist kantig und hat an der Kante eine vierte Rippe, die mitunter schon auf der vorletzten Windung an der Naht sichtbar ist; die Basis ist leicht gewölbt, in der Spindelgegend eher etwas ausgehöhlt, mit einigen feinen, weitläufigeren gelbgegliederten Reifchen. Die Mündung ist viereckig eiförmig, unten mit leichtem Ausguss, Basalrand fast horizontal, der Spindelrand gut gerundet.

Aufenthalt im rothen Meer, die beiden abgebildeten Exemplare von Rüppell gesammelt, im Senckenbergischen Museum.

3. Turritella (Torcula) bicingulata Lamarck.

Taf. 1. Fig. 6. 7.

Testa acuminato-turrita, solida, oblique et arcuatim striata, albida vel fulvescens, rufo-fusco profuse strigata et variegata. Anfractus 16—18 lente crescentes, sutura profunde impressa discreti, supremi carinati, sequentes convexi, undique spiraliter sulcati vel subtilissime lirati, costis duabus majoribus prominentibus cincti, interstitio excavato; ultimus costa tertia angulari cinctus, dein angulatus et sulco profundo exaratus, basi liratus. Apertura subcircularis, faucibus livide purpureis; columella arcuata.

Long. 60—70 mm.

Turritella bicingulata Lamarck*) Anim. sans vert. ed. II vol. 9 p. 256.
— biangulata Blainville Malacol. p. 430 t. 21 fig. 3.
— bicingulata Kiener Coq. viv. p. 14 t. 8 fig. 2.
— — Reeve Conchol. icon. sp. 20.
— — Tryon Manual VIII p. 202 t. 63 fig. 82.

---

*) T. testa turrita, transversim tenuissime striata, alba rufo et fusco marmorata; anfractibus convexis, dorso bicingulatis.

Gehäuse hoch gethürmt, festschalig, schief bogig gestreift, die Streifung besonders nach der Mündung hin oft sehr stark und deutlich, weisslich oder schwach gelblich mit reicher rothbrauner Zeichnung, die nur schmale Zwischenräume übrig lässt; dass der Zwischenraum zwischen den Rippen weniger gefärbt sei, wie Reeve sagt, kann ich bei meinen Exemplaren nicht finden. Es sind 15—18 Windungen vorhanden, die obersten scharf gekielt, die folgenden convex, obenher abgeflacht, über der obersten Rippe etwas ausgehöhlt, überall dicht spiral gefurcht oder fein gereift, mit zwei starken, vorspringenden Spiralrippen, deren Zwischenraum ausgehöhlt ist, auch die Rippen sind spiral gefurcht. Die letzte Windung hat eine dritte Rippe an der Kante dicht unter der zweiten und meist auch über der ersten noch eine schwächere vierte, und unter der Kante eine tiefere Furche; die Basis ist ausgehöhlt und deutlich gereift. Mündung fast kreisrund, im Gaumen schmutzig röthlich purpurfarben, mit undeutlicher hellerer Mittelzone; die Spindel ist regelmässig gebogen, der Aussenrand einfach, gerade, leicht abgestumpft.

Aufenthalt an Senegambien und Capverden; das abgebildete Exemplar im Senckenbergischen Museum.

Exemplare, die H. von Maltzan von Gorée mitbrachte, haben über dem obersten Reifen noch einen dritten, resp. vierten schwächeren und sind an der Basis nicht unerheblich breiter; leider ist keins derselben ausgewachsen, das grösste ist bei 53 mm Länge unten eben so breit wie das abgebildete bei 67 mm Länge; es hat 12 Windungen, deren Nähte erheblich weniger eingeschnürt sind, als bei dem abgebildeten.

4. Turritella (Zaria) duplicata Linné.

Taf. 2. Fig. 1. 2. Taf. 3 Fig. 1.

Testa magna, elongato-turrita, solida, ponderosa, lutescenti-albida, vel fulvescens, apicem versus interdum fuscescenti diffuse tincta. Anfractus circiter 16 sutura distincta discreti, convexi, superi liris subaequalibus cincti, inferi subangulati, lira primum unica dein duabus distinctioribus, prominulis, cariniformibus, caeteris obsolescentibus, spiraliter undique striati, vestigiis incrementi perarcuatis interdum obsoletissime decussati, ultimus sculptura pervariabili, carina unica, duabus vel ad 5, basi laevigatus, convexus. Apertura parviuscula, ovata, intus fuscescens; peristoma obtusulum, marginibus callo crasso junctis, externo profunde sinuato, basali producto, subeffuso.

Long. ad. 150 mm.

Turbo duplicatus Linné Syst. nat. ed. XII p. 1239, nec Brocchi.

Turbo duplicatus Gmelin Syst. nat. ed. XIII p. 3607 No. 79.
Turritella duplicata Encycl. meth. vers III p. 1100 t. 449 f. 1.
— — Lamarck Anim. sans. vert. ed. II vol. 9 p. 251.
— — Sowerby Genera, Turritella fig. 1.
— — Reeve Conch. syst. II p. 172 t. 224 fig. 1.
— — Tryon Manual VIII p. 207 t. 65 fig. 20. 21.
— replicata Linné Syst. Nat. ed. XII p. 1239.
— acutangula Linné Syst. nat. ed. X p. 706, nec Desh.

Gehäuse gross, dickschalig und schwer, hoch gethürmt, gelblich weiss bis hell bräunlich, gegen den Apex hin bräunlich. Es sind etwa 16 Windungen vorhanden, die apikalen allerdings nur bei ganz guten Exemplaren erhalten. Sie sind in sehr verschiedener Weise spiral skulptirt. Gewöhnlich sind die paar obersten convex und ziemlich gleichmässig spiral gereift, dann werden sie obenher abgeflacht und die am Beginn der stärkeren Wölbung stehende Spiralleiste tritt kielartig hervor; etwas später schliesst sich an sie eine zweite in geringer Entfernung unterhalb, die anderen Spiralreifen verkümmern, bleiben aber wenigstens erkennbar; die Zwischenräume sind daher spiral gestreift. Bei den typischen Exemplaren bleiben diese beiden starken Kiele bis zur Mündung, springen aber in sehr verschiedener Weise vor, auf den unteren Windungen kommt noch eine dritte schwächere hinzu, die letzte hat gewöhnlich vier Kiele. Sehr häufig verkümmern aber die beiden Kiele oder einer von ihnen, bald nur auf der letzten Windung, bald schon früher, und mitunter kommen Exemplare vor, bei denen die unteren Windungen überhaupt nur einen einzigen schwachen Kiel haben, wie bei dem Taf. 3 Fig. 1 abgebildeten. Auf solche Exemplare sind Turritella replicata Linné und Turr. acutangula L. gegründet. Die Anwachsstreifen sind sehr stark gebogen, nach hinten convex, manchmal so stark, dass sie mit der Spiralstreifung eine förmliche Gitterskulptur bilden. Die Basis ist innen glatt, convex, durch den letzten Spiralkiel abgegränzt. Die Mündung ist relativ klein, oval, höher als breit, im Gaumen bräunlich, ohne den Kielen entsprechende Furchen; der Mundrand ist etwas verdickt, stumpf, die Ränder werden durch einen deutlichen, oft recht dicken und nach aussen scharf begränzten Callus verbunden, der Aussenrand ist den Anwachsstreifen entsprechend tief ausgebuchtet, der Basalrand vorgezogen und ausgussartig zusammengedrückt, die Spindel unten tief ausgehöhlt, ohne Ecken in den Basalrand übergehend.

Aufenthalt im vorderen indischen Ozean, an Ceylon und Vorderindien häufig, an den Maskarenen selten.

Tryon rechnet zu der Untergattung Zaria neben duplicata und attenuata Reeve, die ihr sehr nahe steht, auch noch ferruginea Rve. und australis Lam. Letztere hat sicher dort nichts zu thun, auch für ferruginea scheint mir die Verwandtschaft mit Turr. terebra, cerea etc. denn doch viel näher; schon die Striemenzeichnung macht ihre Stellung neben duplicata unmöglich.

5. Turritella monterosatoi Kobelt.

Taf. 2. Fig. 3. 4.

Testa elongato-conica, crassa, solida, albido-fuscescens, strigis rufis fulguratis pulcherrime ornata; anfractus 16—18 convexi, tumidiusculi, supra subangulati, spiraliter subtiliter striati lirisque tribus fortibus prominentibus, supera minore, cingulati, ad suturam profundam distincte contracti, ultimus vix quadriliratus, ad liram quartam obsoletam rotundato-subangulatus, basi convexiusculus striatus. Apertura rotundata parum altior quam latior; labro externo tenui, ad liras undulato, supra vix angulato.

Alt. 60—65 mm.

Turritella Montorosatoi Kobelt Prodromus Faunae mar. p. 211.
— bicingulata Allen Catal. Porto p. 156.

Gehäuse lang kegelförmig, festschalig und stark, bräunlich weiss mit rothen Zickzackstriemen, die meistens von Naht zu Naht laufen. Es sind 16—18 gut gewölbte Windungen vorhanden, welche an der tiefen Naht deutlich eingeschnürt und dadurch sehr gut geschieden sind; auch oben sind sie etwas geschultert; sie sind fein und dicht spiral gestreift und haben auch schon auf den oberen Windungen drei ausgeprägte, vorspringende, gerundete Spiralreifen, von denen der obere etwas schwächer ist; auch die letzte Windung hat nur eine gerundete Kante; darunter ist er nur schwach gewölbt und fein gestreift. Die Mündung ist gerundet, etwas höher als breit, wenig schief; Aussenrand dünn, an den Reifen leicht wellig gekerbt, oben kaum eine Ecke bildend.

Aufenthalt im lusitanischen Meer. Ich erhielt mehrere schöne Exemplare, zu denen das abgebildete gehört, in der Bucht von Algesiras und sah sie auch in der Lokalsammlung des Herrn Ingenieur Dauthez. Die Turritella bicingulata Lam., die Allen von Setubal nennt, wird wohl dieselbe Form sein. In das Mittelmeer scheint sie nicht einzudringen.

Von den beschriebenen Arten könnte diese Art nur mit Turritella torulosa Kiener vereinigt werden, die aber auf den unteren Windungen vier gekörnelte

Reifen haben soll. Turritella bicingulata Lam., an die man des Fundortes wegen zunächst denken muss, hat doch eine erheblich andere Skulptur, namentlich ist der letzte Umgang mit einem ausgeprägten doppelten Kantenwulst umzogen und an der Basis ausgehöhlt und tief gefurcht; auch ist sie an der Naht sehr viel weniger eingezogen und die Windungen sind viel weniger gewölbt.

6. Turritella (Zaria) attenuata Reeve.

Taf. 3. Fig. 2.

Testa attenuata, gracilis, solida, albido-lutescens, livido-fuscescenti strigata et suffusa, anfractus ad 20, superi convexi, confertim et subaequaliter spiraliter lirati, infra tumidiusculi, dein ad suturam contracti, inferi liris distantioribus, duabus vel tribus distantibus in parte infera magis exsertis, distincte et oblique arcuatim striati, ultimus liris majoribus 4 aperturam versus decrescentibus, ad infimam vix subangulatus, basi convexus, striatulus. Apertura obliqua, ovoidea, intus fuscescens, labro externo sinuato, tenui, columella callo distincto induta.

Long. ad. 130 mm.

Turritella attenuata Reeve*) Concholog. icon. sp. 4.

Diese Art schliesst sich ganz eng an Turritella duplicata und wird gewöhnlich als eine subskalare Form derselben betrachtet, aber bei genauerer Untersuchung ist doch die Skulptur namentlich der oberen Windungen eine so total verschiedene, dass ich eine Vereinigung für ausgeschlossen halte. Während bei allen Exemplaren von Turritella duplicata, die ich vergleichen kann, auch auf den oberen Windungen wenigstens ein Kiel, meistens zwei, stärker vorspringen, hat das abgebildete Exemplar schon vom sechsten ab eine ganz gleichmässige Spiralreifung und nur die tiefe Einschnürung der Naht kurz unter der stärksten Auftreibung lässt die Windungen stärker convex erscheinen; denken wir sie uns nicht subskalar gewunden, so sind die oberen Windungen nur ganz flach gewölbt und das ganze Gewinde ist relativ viel plumper, als bei irgend einer Form von duplicata. Erst vom siebenten oder sechsten Umgang ab wird die Skulptur durch das Auseinandertreten der Spiralreifen und das stärkere Hervortreten zweier derselben der von T. duplicata ähnlicher. Uebrigens ist auch die Färbung eine andere; die obere Hälfte der Windungen ist livid braun überlaufen und bei meinem Exemplare sind überall breite

---

*) Turr. testa acutissime attenuata, anfractibus ad viginti, spiraliter striatis, ulterioribus medio acute et tenue unicarinatis striis evanidis, suturis subexcavatis; fuscescente-alba, livida, anfractuum parte superiori saturatiore; apertura sinuata.

bogige Striemen derselben Färbung vorhanden, wie ich sie bei der ächten duplicata nie gesehen habe. Auch kenne ich T. duplicata nicht mit so ausgeprägter Anwachsstreifung, welche die Zwischenräume fast gegittert erscheinen lässt.

Aufenthalt nicht sicher bekannt, jedenfalls auch im indischen Ozean.

Reeve bildet ein Exemplar ab, das auf einigen der unteren Windungen einen stärkeren Kiel hat; doch sagt er ausdrücklich „testa unicarinata"; die oberen Windungen zeigen die charakteristische gleichmässige Spiralskulptur.

7. Turritella (Torcula) carinifera Lamarck.

Taf. 3. Fig. 3.

Testa pyramidali-turrita, basi tumida, interdum irregulariter contorta, alba vel pallide purpurascente rosea, apicem versus plerumque saturatius, solida, undique subtilissime spiraliter striata, striis impressis, undulato-corrugatis. Anfractus 14—15, superi acute unicarinati, superne declives, infra carinam subexcavati, inferi superne convexiusculi, dein biangulati, angulo infero suturali; sutura irregularis, impressa, anfractus ultimus basi acute angulatus, dein planiusculus. Apertura obliqua, subquadrangularis; peristoma simplex (plerumque fractum).

Long. ad 100, diam. ad 40 mm.

Turritella carinifera Lamarck*) Anim. sans vert. ed. II vol. IX p. 258.
— — Reeve Concholog. icon. sp. 12.
— — Tryon Manual vol. VIII p. 206 t. 64 fig. 7.

Gehäuse gethürmt pyramidal, an der Basis aufgetrieben, nicht selten unregelmässig aufgewunden oder die Achse gebogen, weisslich bis ziemlich lebhaft rosapurpurfarben, nach dem Apex hin gesättigter gefärbt, festschalig, nur ganz fein und undeutlich schief gestreift, dicht spiral gefurcht, die Furchen eingedrückt, leicht körnelig-wellig. Ausgewachsene Exemplare haben 14—15 Windungen, welche durch eine, besonders an den unteren unregelmässig eingedrückte Naht geschieden werden; die oberen haben einen scharfen, vorspringenden Mittelkiel, sind darüber abgeflacht, darunter leicht ausgehöhlt; die unteren sind obenher gewölbt und haben nur eine stumpfe Kante und darunter dicht über der Naht einen zweiten stumpfen Kiel; die letzte zeigt deutlichere Streifung und die untere Kante ausgeprägter; darunter ist sie flach oder leicht concav. Die Mündung ist schief, abgerundet viereckig, der

*) T. turrita, transversim carinata, laevigata, diaphana, alba; anfractibus medio carina cinctis; ultimo angulato: inferna facie plano-concava. — Long. 13'''. Hab. — ?

Basalrand fast abgestutzt, besonders vorn eine deutliche Ecke bildend; der Mundrand ist einfach, ziemlich stark, aber nur selten vollständig erhalten.

Aufenthalt am Cap; ich habe sie in grösserer Anzahl durch Herrn Hartwig von der Missionsstation Elim erhalten. Lamarck hat die Art auf ein ganz junges Exemplar gegründet, wie man sie gewöhnlich allerdings nur erhält.

8. Turritella (Torcula) torulosa Kiener.

Taf. 3. Fig. 4.

Testa acuminato-turrita, crassiuscula, anfractibus quindecim rotundatis, striatis, primis bicostatis, caeteris gradatim quadricostatis, costis obsolete granatis; duabus inferioribus fortioribus; fulvescente-alba, rufo-fusco punctata et eximie flammulata.

Long. (ex icone Reeveano) 73 mm.

Turritella torulosa Kiener Coq. viv. p. 18 t. 6 fig. 3.
— — Reeve Conchol. icon. sp. 21.
— — Tryon Manual VIII p. 201 t. 62 fig. 74.

Gehäuse spitz gethürmt, ziemlich dickschalig, mit 15 gewölbten, überall spiral gestreiften Windungen, die oberen mit zwei, die anderen mit 5 und zuletzt 4 starken, runden, leicht gekörnelten Spiralreifen; die beiden unteren sind stärker als die anderen. Die Färbung ist bräunlich weiss mit ausgeprägten braunrothen Flammen und Punkten.

Aufenthalt unbekannt; die Abbildung nach Reeve. — Eine ziemlich verschollene Art. Tryon möchte sie mit trisulcata aus dem rothen Meer vereinigen. Jedenfalls steht sie meiner T. monterosatoi am nächsten, doch ist mir vom Senegal keine ähnliche Art bekannt geworden; T. bicingulata steht zu weit ab, um eine Vereinigung möglich erscheinen zu lassen.

9. Turritella (Zaria) ferruginea Reeve.

Taf. 4. Fig. 1.

Testa subelongato-turrita, ad basin angulata et subcarinata, albida, basin versus ferrugineo-castaneo tincta; anfractus 16 convexi, supremi bicarinati, carinis mox evanidis, sequentes spiraliter subtiliter lirati, interstitia sub lente spiraliter striata lirisque incrementi creberrimis decussata, ultimus angulatus, infra angulum subtiliter tantum striatus. Apertura ovata, labro tenui extus vix angulato.

Long. (ex icone) 95, diam. 27 mm.

Turritella ferruginea Reeve Conchol. icon. sp. 32.
— — Tryon Manual VIII p. 207 t. 64 fig. 11.

Gehäuse ziemlich lang gethürmt, unten kantig und an der Kante schwach gekielt, weisslich mit schiefen rostbraunen Striemen, gegen die Basis hin rostbräunlich überlaufen; 16 Windungen, die obersten mit zwei ausgeprägten Kielen, die aber bald verschwinden, die unteren fein spiral gereift, die Zwischenräume fein gestreift und durch diese Längslinien gegittert; letzte Mündung unter der Kielkante fein gestreift; Mündung eiförmig, Aussenrand dünn, an der Kante kaum eine Ecke bildend.

Aufenthalt unbekannt; Abbildung und Beschreibung nach Reeve.

10. Turritella (Torcula) cochlea Reeve.

Taf. 4. Fig. 2.

Testa subulato-turrita, crassiuscula, albida; anfractus 15 superne depresso-excavati, spiraliter striati, medio bicarinati, carinis angustis, elevatis, acutis, distantibus; interstitio excavato; anfractus inferi carina tertia minore inferae approximata, ultimus carinis tribus ad peripheriam magnis, basi excavatus. Apertura parva, subcircularis, labro extus biangulato.

Long. 53, diam. 17 mm.

Turritella cochlea Reeve Conchol. icon. sp. 29.

Gehäuse schlank gethürmt, ziemlich dickschalig, weisslich; 15 oben eingedrückte und ausgehöhlte Windungen, die oberen mit zwei schmalen, scharfen, stark vorspringenden Spiralkielen, die durch einen breiten ausgehöhlten Zwischenraum getrennt werden; auf den unteren Windungen legt sich zwischen den unteren Kiel und die Naht ein dritter, schwächerer, der letzte hat an der Peripherie drei deutliche Kiele dicht bei einander und ist darunter ausgehöhlt. Mündung klein, gerundet, Aussenrand mit zwei schwachen Ecken.

Aufenthalt unbekannt. Abbildung und Beschreibung nach Reeve. Nach Tryon ein abnorm gewundenes Exemplar von T. exoleta L.

11. Turritella (Haustator) multilirata Adams et Reeve.

Taf. 4. Fig. 3.

Testa acuminato-turrita, pellucido-alba, tenuiuscula; anfractus subscalariter contorti, superne contracti, dein declives, inferne ad suturam canaliculati, liris numerosis subtilissime granulosis cincti; apertura piriformi-ovata, labro tenui.

Long. 51, diam. 15 mm.

Turritella multilirata Adams et Reeve Voy. Samarang p. 47 t. 12 fig. 4.
— — Reeve Conchol. icon. sp. 54.
— — Tryon Manual VIII p. 204 t. 64 fig. 97.

Gehäuse lang gethürmt, sehr spitz, durchsichtig weiss, dünnschalig; 15 fast skalarid ausgezogene, oben eingeschnürte, dann schräg abfallende, unten an der Naht rinnenförmig eingezogene Windungen, mit zahlreichen, feinen, gekörnelten Spiralreifen, ohne stärkere Kiele; Mündung etwas birnförmig-eiförmig mit ganz dünnem Mundrand.

Aufenthalt im chinesischen Meer, Abbildung und Beschreibung nach Reeve.

12. Turritella conspersa Ad. et Reeve.

Taf. 4. Fig. 4.

Testa turrita, lutescente-alba, fuscescente longitudinaliter undulata et punctata; anfractus 12 superne declives, deinde tumidi et conspicue lirati, liris 2 majoribus, cariniformibus; ultimus carinis tribus, interstitiis striatis; basi excavata. Apertura angulato-rotundata, peristoma tenue, angulatum, ad carinas crenulatum.

Long. 40, diam. 12 mm.

Turritella conspersa Adams et Reeve Voy. Samarang p. 47 t. 12 fig. 3.
— — Reeve Conchol. icon. sp. 55.

Gehäuse gethürmt, gelblich weiss, mit feinen bräunlichen Zickzackstriemen und Punkten; 12 obenher abgeflachte, dann aufgetriebene und gewölbte Windungen, spiral gereift mit 2 stärkeren kielartigen Reifen, die letzte mit drei; Zwischenräume fein spiral gestreift; Basis leicht ausgehöhlt. Mündung eckig kreisförmig, Mundrand dünn, oben mit deutlicher Ecke, an den Kielen gekerbt.

Aufenthalt im chinesischen Meer. Abbildung und Beschreibung nach Reeve.

13. Turritella fascialis (Menke) Reeve.

Taf. 4. Fig. 5.

Testa lanceolato-acuminata, gracillima, anfractibus 18 convexis, exiliter quadriliratis, suturis subcontractis; lutescente, anfractuum parte superiori rubido-fasciata.

Long. (ex icone) 55, diam. 12 mm.

? Turritella fascialis Menke*) Synopsis ed II 1830 p. 138.

*) T. testa turrito-subulata, albida, transversim sulcato-striata, striis subgranulosis, inaequalibus; fascia fusca cinctis. — Long. 8, lat. 2‴. Patriam ignoro.

? Turritella fascialis Reeve Conchol. icon. sp. 47 (excl. patria).
— — Edg. A. Smith Ann. Mag. N. H. (4) XVI 1875 p. 107.
— — Pilsbry Japan p. 61.
— — Tryon Manual VIII p. 197 t. 59 fig. 36.
— gracillima Gould Pr. Boston Soc. VII p. 386.

Gehäuse sehr spitz und schlank, mit 18 gewölbten Windungen, welche durch eine eingeschnürte Naht geschieden werden und vier feine Spiralreifen tragen; sie ist gelblich, die obere Hälfte der Windungen mit einem rothen Band.

Aufenthalt nach Reeve in der Bai von Montija an Westcolumbien, nach Smith und Pilsbry an Japan.

Menke gibt als Länge seiner Schnecke nur 16 mm an; die Reeve'sche Abbildung, die mir nicht vergrössert zu sein scheint, hat 55 mm, Tryon sagt 25 mm. Die Synonymie bedarf hier jedenfalls noch der Klärung.

14. Turritella (Torcula) monilis m.

Taf. 4. Fig. 6.

Testa acuminato-pyramidalis, infra acute angulata, ad basin depresso-concava, rosaceo-alba, ad carinam superam strigis brevibus obliquis rufescenti-fuscis ornata; anfractus 15 superne breviter declives, dein angulati et ad angulum carinati, medio excavati, infra ad suturam bicarinati; interstitia striata; apertura quadrangularis, faucibus profunde sulcata, extus et ad basin columellae angulato canaliculata.

Long. (ex icone) 53, diam. 16 mm.

Turritella monilifera Adams et Reeve Voy. Samarang p. 48 t. 12 fig. 6, nec Deshayes.
— — Reeve Conchol. icon. sp. 50.
— — Tryon Manual VIII p. 205 t. 64 fig. 5.

Gehäuse spitz kegelförmig, unten scharfkantig, die Basis eingedrückt und ausgehöhlt, röthlich weiss, am oberen Kiel mit ganz kurzen, schiefen, röthlich braunen Striemen gezeichnet; 16 Windungen, oben kurz abgeflacht, dann kantig, an der Kante mit einem breiten Kiel, in der Mitte ausgehöhlt, unten wieder mit zwei starken Kielen; Zwischenräume spiral gestreift. Die letzte Windung hat an der Peripherie auch nur zwei Kiele. Die Mündung ist fast regelmässig rhombisch, im Gaumen mit einer tiefen Rinne, aussen und an der Spindelbasis mit vorspringenden, kanalartigen Ecken.

Aufenthalt im chinesischen Meer. Abbildung und Beschreibung nach Reeve. Der Name muss wegen der gleichnamigen fossilen Art, die Deshayes aus dem Pariser Becken beschrieben hat, geändert werden.

15. Turritella (Haustator) incisa Reeve.

Taf. 4. Fig. 7.

Testa subpyramidali-acuminata, basi concavo angulata; cinereo-fusca; anfractus 12 plano-convexi, spiraliter undique creberrime inciso-striati, carinis nullis; apertura pyriformis, basi dilatata.

Long. (ex icone) 36, diam. 11 mm.

Turritella incisa Reeve Conchol. icon. sp. 65, nec Woods.

— — Tryon Manual VIII p. 203 t. 63 fig. 88.

Gehäuse spitz kegelförmig, unten stumpfkantig, an der Basis concav, einfarbig graubraun; 12 flach gewölbte Windungen, überall dicht mit eingeschnittenen Spirallinien umzogen, ohne vorspringende Kiele, Mündung birnförmig, an der Basis erweitert.

Aufenthalt bei Sydney im Tiefwasser.

16. Turritella (Haustator) aquila Adams et Reeve.

Taf. 4. Fig. 8.

Testa pyramidali-turrita, ustulato-fuscescens, rufo-castaneo oblique maculata vel strigata; anfractus 14—15 superne concavo-declives, deinde subobscure late bicostati, undique conspicue inciso-striati, ultimus infra nitide liratus et striatus.

Turritella aquila Adams et Reeve Voy. Samarang.

— — Reeve Conch. icon. sp. 46.

— — Tryon Manual VIII p. 202 t. 63 fig. 81.

Gehäuse pyramidal gethürmt, rostbräunlich mit schiefen braunrothen Striemen und Flecken, 14—15 obenher abgeschrägte und ausgehöhlte Windungen, mit zwei undeutlichen Spiralreifen, und überall mit eingeschnittenen Furchen umzogen, die letzte unten deutlich gereift und gestreift.

Aufenthalt an Japan? (Wird weder von Lischke, noch von Dunker, noch von Pilsbry von dort angeführt, fehlt auch in der Samarang. Abbildung und Beschreibung nach Reeve).

17. Turritella (Torcula) concava von Martens.

Taf. 4. Fig. 9.

Testa conico-elongata, carinata, alabastrino-alba, oblique striatula; anfractus 10, supremis 2 laevibus, sequentibus bicarinatis, carina superiore in anfractibus 3—7 valde prominula, in ulterioribus obsolescente, carina inferiore suturae incumbente, usque in anfractum ultimum perdistincta, basi concava, apertura acutangulo-rhombea, margine externo valdo sinuato, margine columellari arcuato. Martens.

Long. 16, diam. 5,5 mm.

Turritella concava von Martens Mauritius p. 283 t. 20 fig. 19, nec Say.

— — Tryon Manual VIII p. 206 t. 64 fig. 6.

Gehäuse lang kegelförmig, gekielt, alabasterweiss, schief gestreift; 10 Windungen, die obersten beiden glatt, die folgenden mit zwei Kielen, der obere Kiel auf den oberen bis zur siebenten stark, dann verkümmernd, der untere Kiel der Naht folgend, bis unten hin sehr deutlich, an der Basis concav; Mündung spitzwinklig rhombisch, Aussenrand tief gebuchtet, Spindelrand gebogen.

Mauritius. Abbildung und Beschreibung nach Martens.

18. Turritella bicolor Adams et Reeve.

Taf. 4. Fig. 10.

Testa acuminato-turrita, aureo-lutea, suturis lirisque nigrescente-purpureis; anfractus 10—12 convexi, subtilissime striati, quadrilirati, liris obscure granulatis; apertura angulato-ovata, angulo ad basin columellae distincto.

Long. (ex icon.) 28, diam. 8,5 mm.

Turritella bicolor Adams et Reeve Voy. Samarang p. 47 t. 12 fig. 1.

— — Reeve Conch. icon. sp. 56.

Gehäuse spitz gethürmt, goldgelb mit purpurschwarzen Nähten und Reifen, 10—12 gewölbte, ganz fein gestreift, mit vier undeutlich gekörnelten Reifen; Mündung eckig eiförmig, besonders an der Spindelbasis mit deutlichem Winkel.

Aufenthalt im chinesischen Meer. Abbildung und Beschreibung nach Reeve. Wird von Tryon mit fascialis Mke. vereinigt.

19. Turritella spina Crosse et Fischer.

Taf. 4. Fig. 11.

Testa parva, conico-turrita, alba; sutura parum distincta; anfractus numerosi, regulariter crescentes, plani, liris tribus convexis fortibus, sulco tantum divisis, cincti, ultimus lira quarta minore, basi haud angulatus, laevis. Apertura subquadrangularis, columella brevi, peristomate simplici.

Long. 9, diam. 2 mm.

Turritella spina Crosse et Fischer Journal de Conchyliologie XII 1864 p. 347. XIII 1865 p. 45 t. 3 fig. 17. 18.

Gehäuse klein, gethürmt konisch, weiss; Naht wenig deutlich, zahlreiche regelmässig und langsam zunehmende Windungen, flach, an der Naht nicht eingeschnürt, jede mit drei starken, convexen, nur durch eine Furche geschiedenen Reifen, die letzte unten mit einem vierten, an der Basis glatt, gewölbt. Mündung fast viereckig, etwas rhombisch; Spindel kurz, Mundrand einfach.

Aufenthalt an Australien, im Golf St. Vincent. Abbildung und Beschreibung nach Crosse et Fischer.

20. Turritella (s. str.) cerea Reeve.

Taf. 5. Fig. 1. Taf. 7. Fig. 1.

Testa elongato-turrita, crassiuscula, fulva liris spiralibus albis, apicem versus lutescens; anfractus 18—20 convexi, supra leviter declives, infra tumidiusculi, dein ad suturam contracti, spiraliter undique striati lirisque acutis prominentibus 6 in anfractibus inferis sculpti, lira minore ad convexitatem maximam intercedente, ultimus rotundatus, basi convexiusculus, liratus, circa columellam subexcavatus. Apertura ovato-rotundata, obliqua, nullo modo angulata; labrum tenue, vix crenulatum; fauces vinoso-fuscae, ad liras sulcatae; columella callosa, alba.

Long. 125, diam. max. 33 mm.

Turritella cerea Reeve*) Concholog. icon. sp. 25.
— — Lischke Japan Moll. vol. I p. 72.
— — Pilsbry Japan p. 61.
— — Dunker Index Moll. mar. Japon. p. 263.

*) T. elongato-turrita, crassiuscula, fulvescente-alba, parte supera anfractuum fulvo-rufescente tincta; anfractus 18—20 superne declives, sed haud contracti, inferne tumidiusculi, spiraliter lirati, liris cariniformibus, angustis, acutis, 6 in anfractibus inferis, aperturam versus evanidis; apertura ovato-rotundata, angulo nullo; labrum tenue, vix crenulatum.

Gehäuse zu den grösseren der Gattung gehörend, ziemlich dickschalig und fest, hoch gethürmt, bräunlich mit weissen Spiralreifen, gegen das Gewinde hin mehr einfarbig gelblich, die untersten Windungen mitunter zwischen dem obersten Reifen und der Naht weisslich; doch kommen auch einfarbig gelblichweisse Exemplare vor, die nach oben hin dunkler gefärbt sind. Es sind 18—20 Windungen vorhanden, die oberen rein gewölbt, die unteren obenher etwas gedrückt, so dass die stärkste Wölbung erheblich unterhalb der Mitte liegt; die Anwachsstreifen sind wenig deutlich, nur auf den unteren Windungen erkennbar; dagegen ist die ganze Oberfläche spiral gestreift und mit vorspringenden regelmässigen Spiralreifen umzogen, von denen ich auf den unteren Umgängen 6, auf dem letzten 12 zähle, sie bleiben im Gegensatz zu Reeves Exemplar bei dem meinigen bis zur Mündung gleich stark; zwischen den zweiten und dritten über der Naht schiebt sich schon auf den oberen Windungen ein etwas schwächerer Zwischenreif, welcher ebenfalls bis zur Mündung durchläuft. Die letzte Windung ist gerundet, ohne Kante, unten mit starken, etwas dichter stehenden Reifen, gewölbt, doch um die Spindel leicht ausgehöhlt. Die Mündung ist fast kreisrund, auch oben ohne Ecke, schief; Mundrand dünn, an den Reifen gekerbt; Gaumen lebhaft weinfarben, den Reifen entsprechend gefurcht; Spindel gebogen, schwielig, weiss.

Aufenthalt an Japan. Die Figur auf Taf. 5 nach Reeve kopirt, Taf. 7 nach einem älteren Exemplar im Senckenbergischen Museum.

Mein Exemplar unterscheidet sich von dem Reeve'schen vor Allem in der Färbung und in der scharfen Ausprägung der Skulptur auch auf der letzten Windung, stimmt aber sonst in allem ganz genau. Ob Uebergänge nach der ganz schwach gekielten Turritella bacillum Kiener hierüber vorkommen und man beide vereinigen kann, wie Tryon will, ist mir sehr zweifelhaft; keinenfalls kann ich Turritella crocea Kiener für eine Zwischenform halten.

21. Turritella (Haustator) rosea Quoy.

Taf. 5. Fig. 2.

Testa pyramidali-conica, basi plano-angulata, anfractibus 15 planatis, spiraliter quinqueliratis, liris inaequidistantibus, striis elevatiusculis in interstitiis; albida, basin versus ferrugineo-fusco, liris striisque saturatioribus, aperturae fauce livido-purpurascente tincta. Reeve.

Long. (ex icone) 60 mm.

Turritella rosea Quoy et Gaimard Voy. Astrolabe vol. III p. 136 pl. 55 fig. 24—26.
— — Deshayes-Lamarck Anim. s. vert. vol. IX p. 260.
— — Reeve Concholog. icon. sp. 41.
— — Tryon Manual VIII p. 199 t. 62 fig. 67.

Gehäuse konisch pyramidal, unten kantig mit flacher Basis, aus 15 flachen Windungen bestehend, welche 5 ungleichmässige Spiralreifen tragen; die Zwischenräume sind fein gestreift; Mündung gerundet viereckig. Die Färbung ist weisslich, nach der Basis hin rothbraun mit gesättigteren Reifen und Streifen; der Gaumen ist livid purpurfarben.

Aufenthalt an Neuseeland; Abbildung und Beschreibung nach Reeve. — Tryon will Turritella lineolata Kiener als abgebleichtes Exemplar hierherziehen, was sehr wohl möglich ist, und hält Turritella hanleyana Reeve für den Jugendzustand.

22. Turritella (Haustator) banksii Gray.

Taf. 5. Fig. 3. Taf. 7. Fig. 2. 3.

Testa pyramidali-turrita, crassa, solida, ad basin angulata et cingulo tumido circumdata, cinereo-olivacea, vel nigrescens, albo et nigro varie maculata et variegata, liris majoribus nigro articulatis; spira regulariter conica apice acutissimo. Anfractus 15 lira mediana divisi, plani vel supra et infra liram subexcavati, spiraliter lirati, liris ad strias incrementi undique distincte granuloso-reticulatis, cingulo majore rotundato super suturas indistinctas prominulo albo et nigro conspicue articulato; anfractus ultimus infra cingulum angulatus, basi planatus et subtiliter liratus, pone cingulum profunde sulcato-excavatus. Apertura quadrangularis, faucibus medio profunde sulcatis, nigrescentibus; labro tenui; columella contorto-producta, angulum acutum cum margine basali truncato formans.

Long. 60, diam. 20 mm.

Turritella Banksii Gray mss. in Reeve Concholog. icon. sp. 15.

Gehäuse gethürmt pyramidal mit geradlinigen Aussencontouren, dickschalig und fest, unten kantig mit einem vorspringenden Kantenwulst, olivengrau bis fast schwarz mit grossen weissen Flecken und Scheckenzeichnungen, die stärkeren Reifen schwarz und weiss gegliedert. Gewinde regelmässig konisch mit ganz spitzem Apex. Es

*) T. pyramidali-turrita, crassa, ad basin tumidula et obtuse angulata, cinereo-olivacea, nigro alboque variegata, liris nigro articulatis, anfractus 15 undique minutissime granuloso-reticulati, concavi, lira mediana aliisque minoribus irregularibus cingulatis, margine inferiore rotundatis, suturis indistinctis; columella peculiariter contorto-producta; apertura subquadrata.

sind 15 Windungen vorhanden, welche schon von den obersten ab durch einen starken Mittelreif getheilt werden und über und unter demselben flach oder leicht ausgehöhlt sind; sie sind mit feinen, etwas unregelmässigen Spiralreifchen umzogen, welche durch die deutlichen gebogenen Anwachsstreifen überall gekörnelt oder gegittert erscheinen; über der wenig deutlichen, nicht eingezogenen Naht haben sie einen starken, vorspringenden schwarz und weiss gegliederten Wulst, welcher auf dem letzten Umgang die Kante bildet und nach unten gegen die leicht ausgehöhlte, fein spiral gereifte Basis hin sich durch eine Furche absetzt. Die Mündung ist mässig schief, rhombisch viereckig, innen schwärzlich mit einer tiefen Mittelfurche; der Mundrand ist dünn, die Spindel gedreht und unten eigenthümlich vorgezogen, so dass sie mit dem abgestutzten Basalrand einen spitzen, ausgussartigen Winkel bildet.

Aufenthalt bei Panama. Die Abbildung Tafel 5 Copie nach Reeve, Beschreibung und Abbildung auf Tafel 7 nach einem Cuming'schen Exemplar im Senckenbergischen Museum.

Eine der eigenthümlichsten und charakteristischesten Formen, die Tryon mir unbegreiflicherweise für eine junge Turritella goniostoma erklärt.

23. Turritella (Torcula) gemmata Reeve.

Taf. 5. Fig. 4.

Testa pyramidali-turrita, crassiuscula, infra angulata, alba, hic illic rufescente fusco pallide tincta; anfractus 15 medio concavi, superne liris duabus graniferis cincta, infra tertia laevi, interstitiis laevibus; apertura rotundata, parva.

Long. (ex icone) 35, diam. 10 mm.

Turritella gemmata Reeve Concholog. icon. sp. 28.

— — Tryon Manual VIII p. 206 t. 64 fig. 8.

Gehäuse pyramidal gethürmt, ziemlich dickschalig, unten kantig, weiss, hier und da rothbräunlich überlaufen; 15 flache, langsam zunehmende, unten concave Windungen, oben mit zwei dicht bei einanderstehenden, geperlten Reifen, dann nach einem breiten, glatten Zwischenraum mit einer dritten glatten, auf der letzten Windung dicht unter dieser noch mit einer vierten dicht neben ihr; Basis etwas ausgehöhlt. Mündung gerundet, Mundrand einfach, an den Reifen gekerbt.

Aufenthalt unbekannt; Abbildung und Beschreibung nach Reeve.

24. Turritella (Haustator) gunni Reeve.

Taf. 5. Fig. 5.

Testa elongato-acuminata, solidiuscula, angusta, albida, flammis undulatis pallide fulvescente-fuscis obliquis picta, basi pallide rosea. Anfractus 18 plano-concavi, supra et infra tumidiusculi, infra suturam declives, medio subirregulariter lirati et striati, suturae excavatae. Apertura rotundata; peristoma simplex.

Long. (ex icon.) 57, diam. 17 mm.

Turritella Gunni Reeve Concholog. icon. sp. 45.

— — Tryon Manual VIII p. 203 t. 63 fig. 86.

Gehäuse lang und spitz, ziemlich festschalig, schmal, weisslich mit schiefen, leicht welligen, hellbräunlichen Flammenstriemen, das Basalfeld blass rosa, 18 in der Mitte leicht concave, oben und unten vorgewölbte, unter der Naht abgeflachte Windungen, zunächst der Naht glatt, dann etwas unregelmässig spiral gereift und gestreift; Naht tief eingeschnürt; Mündung gerundet; Mundrand einfach.

Aufenthalt an Tasmanien; Abbildung und Beschreibung nach Reeve.

25. Turritella (Haustator) fastigiata Adams et Reeve.

Taf. 5. Fig. 6.

Testa gracillimo-subulata, tenuiuscula, albo et violaceo pallide variegata, strigis fuscescentibus obliquis, liris obscuris fusco punctatis vel articulatis; anfractus 18–20 supra contracti, declives, deinde rotundati, superi distincte bicarinati, inferi undique lirati et striati, sed plerumque liris 2—3 majoribus; ultimus basi planiusculus; apertura depresse ovato-angularis, peristomate angulato, margine basali strictiusculo, cum columella angulum formante.

Long. (ex icone) 56, diam. 31 mm.

Turritella fastigiata Adams et Reeve Voy. Samarang Zool. p. 48 t. 12 fig. 9.

— — Reeve Conchol. icon. sp. 48.

— — Tryon Manual VIII p. 204 t. 63 fig. 92.

Gehäuse auffallend schlank ausgezogen, ziemlich dünnschalig, mit abwechselnder weisser und blass violetter Scheckenzeichnung und schiefen bräunlichen Striemen, die Reifen dunkel punktiert oder gegliedert. 18—20 oben eingeschnürte, unter der Naht schräg abfallende, dann gerundete Windungen, die oberen mit zwei ausgeprägten Kielen, die folgenden unregelmässig spiral gestreift und gereift, doch so, dass immer einige Reifen stärker vortreten; letzte Windung unten etwas abgeflacht; Mündung eckig eiförmig, etwas niedergedrückt; Mundrand dünn, eckig; Basalrand fast gerade, mit dem Spindelrand eine Ecke bildend.

Aufenthalt im indochinesischen Meer. Abbildung und Beschreibung nach Reeve.

26. Turritella (Haustator) sinuata Reeve.

Taf. 5. Fig. 7.

Testa pyramidato-acuminata, fulvescens, zonula albida rufo-punctata infra suturas; anfractus 14 planulati, spiraliter tenue lirati et striati, liris majoribus ad suturas; apertura parviuscula; labrum ampliter sinuatum.

Long. (ex icone) 37, diam. 11,5 mm.

Turritella sinuata Reeve Concholog. icon. sp. 62.

— — Tryon Manual VIII p 200 t. 61 fig. 60.

Gehäuse spitz pyramidal, bräunlich mit einer hellen, roth gefleckten Zone unter der Naht und einer zweiten an der Peripherie der letzten Windung; 14 fast flache, fein spiral gestreifte Windungen mit einem stärkeren Wulst über und unter der Naht, mit nach rechts stark convexen Anwachsstreifen; Mündung ziemlich klein, Mundrand in der Richtung der Anwachsstreifen tief ausgeschnitten.

Aufenthalt unbekannt. — Die tiefe Ausbuchtung des Mundrandes macht es zweifelhaft, ob diese Art überhaupt eine Turritella ist. Eine ähnliche Mundbildung hat nur Turritella concava Martens.

27. Turritella (Haustator) vittulata Adams et Reeve.

Taf. 5. Fig. 8.

Testa acuminato-turrita, basi subconcava, fuscescens, castaneo interrupte strigata; anfractus 12 ad suturam contracti, apicales bicarinati, inferi supra declives, confertim et irregulariter spiraliter lirati et lineati, ultimus obsolete biangulatus; apertura angulato ovata, labrum simplex.

Long. (ex icone) 57, diam. 11—12 mm.

Turritella vittulata Adams et Reeve Voy. Samarang p. 48 t. 12 fig. 5.

— — Reeve Concholog. icon. sp. 58.

— — Tryon Manual VIII p. 204 t. 63 fig. 90.

Gehäuse spitz gethürmt, mit schwach concaver Basis, bräunlich gelb mit unterbrochenen dunkleren Striemen; 12 an der Naht eingezogene gewölbte Windungen, die obersten mit 2 ausgeprägten Kielen, die unteren obenher abgeschrägt, dann dicht und unregelmässig spiral gereift und gestreift; letzte mehr oder minder unundeutlich doppelt gekantet; Mündung eckig eiförmig, Mundrand einfach.

Aufenthalt im chinesischen Meer.

28. Turritella (Haustator) pagoda Reeve.

Taf. 5. Fig. 9.

Testa subpyramidali-turrita, albida, fulvescente obscure flammata; anfractus 14 spiraliter acute lirati, infra medium angulati et costa conspicua cincti, supremi lira altera supera, mox evanescente sculpti, ultimus lira altera infera e sutura oriente munitus, basi convexus; apertura angulata-ovata.

Long. (ex icone) 38, diam 11 mm (sec Tryon l. 20 mm).

Turritella pagoda Reeve Conchol. icon. sp. 60.

— — Tryon Manual VIII p. 204 t. 65 fig. 94.

Gehäuse fast pyramidal gethürmt, weisslich mit undeutlichen schiefen braunen Flammenstriemen; 14 Windungen, scharf spiral gereift, unter der Mitte scharfkantig und mit einem vorspringenden Spiralreif auf der Kante, die oberen mit einer zweiten, bald verschwindenden oberen Kante, die letzte mit einer unteren, die aus der Naht entspringt; Basis convex, Mündung eckig eiförmig.

Aufenthalt an Neuseeland. — Nach Tryon ist die Reeve'sche Figur vergrössert.

29. Turritella (Haustator) rubescens Reeve.

Taf. 5. Fig. 10.

Testa acuminato-turrita, anfractibus 13 spiraliter confertim liratis et striatis, primis paucis medio carinatis, carina cito evanescente, rubescens.

Long. (ex icone) 36 mm.

Turritella rubescens Reeve Concholog icon. sp. 63.

— — Tryon Manual VIII p. 201 t. 61 fig. 62.

Gehäuse spitz gethürmt, die 13 Windungen dicht spiral gereift und gestreift, die paar obersten mit starkem, dann rasch verschwindendem Mittelkiel. Färbung röthlich, nach der Abbildung auf der letzten Windung mit einigen dunkleren Striemen.

Aufenthalt in der Bai von Montijo, West-Columbia; Abbildung und Beschreibung nach Reeve.

Tryon hält diese Art für die Jugendform einer grösseren; die Abbildung sieht nicht jugendlich aus.

30. Turritella (Haustator) cingulifera Sow.

Taf. 5. Fig. 11.

Testa gracilis, turrita, anfractibus ad 12, superne contractis, deinde rotundatis, spiraliter elevato-striatis; alba, infra suturas fuscescens.

Long. 18 mm.

Turritella cingulifera Sowerby Tankerville Catal. Append. p. 14.
— — Reeve Concholog icon. sp. 64.
— — Tryon Manual VIII p. 198 t. 59 fig. 38. 39.
— fragilis Kiener Coq. viv. p. 34 t. 8 fig. 3.
— parva Angas Pr. Zool. Soc. 1877 p. 174 t. 26 fig. 17.

Gehäuse klein, schlank, gethürmt, mit etwa 12 oben eingezogenen, dann gewölbten Windungen mit erhabenen Spiralreifen; weiss, unter der Naht bräunlich.

Aufenthalt an Australien; Port Essington (Jukes fide Reeve).

31. Turritella spectrum Reeve.

Taf. 6. Fig. 1.

Testa elongato-turrita, tenuiuscula, semipellucido-albicans anfractibus superne fuscescente tinctis; anfractus 18 rotundati, superne vix levissime declives, spiraliter lirato-carinati, superi carinis 6, ultimus ad 12, basin versus subtilioribus. Apertura ovato-circularis; peristoma tenue, margine basali cum columellari angulum formante.

Long. (ex icone) 96, diam. 30 mm.

Turritella spectrum Reeve Concholog. icon. sp. 40.

Gehäuse lang gethürmt, ziemlich dünnschalig, halbdurchsichtig weisslich, die Windungen auf der Oberseite leicht bräunlich überlaufen; 18 gerundete, obenher kaum ganz leicht abgeschrägte Windungen, mit spiralen Kielreifen, sechs auf den oberen, nach unten mehr, auf der letzten zwölf, nach unten an Stärke abnehmend; keine Zwischenstreifung. Mündung rundeiförmig; Mundsaum dünn, der Basalrand mit der Spindel eine Ecke bildend.

Aufenthalt unbekannt. Abbildung und Beschreibung nach Reeve.

Der Turritella nivea sehr nahestehend, aber mit schmäleren, schärferen, zahlreicheren Reifen und die Windungen oben nicht eingeschnürt. Wird von Tryon glatt mit T. terebra L. vereinigt.

32. Turritella nivea (Gray) Reeve.

Taf. 6. Fig. 2.

Testa elongato-turrita, crassiuscula, nivea, unicolor; anfractus circa 20 superne contracti, deinde tumidiusculi, spiraliter lirati liris distinctis aequalibus subaequidistantibus 7 in anfractibus inferis, interstitiis costisque striatis lineisque minutis incrementi decussatis; anfractus apicales bicarinati, carinis mox evanescentibus; ultimus basi confertius liratus, rotundatus. Apertura rotundata, supra leviter coarctata, margine externo crenulato cum columella angulum haud formante.

Long. (ex icone) 91, diam. 25 mm.

Turritella nivea Gray mss. in Reeve Conch. icon. sp. 44, nec autor.

— -- Tryon Manual VIII p. 196 t. 60 fig. 44.

Gehäuse lang gethürmt, ziemlich dickschalig, einfarbig schneeweiss ohne jede Zeichnung; etwa 20 Umgänge, die apikalen mit zwei scharfen Kielen, die aber bald verschwinden, die unteren obenher eingezogen, dann leicht aufgetrieben, mit 7 starken gerundeten gleichen und ziemlich gleichmässig gestellten Spiralreifen; sie wie die Zwischenräume sind fein spiral gestreift und durch feine Anwachslinien decussiert; die letzte Windung ist unten dichter und feiner gereift, gerundet, ohne deutliches Basalfeld. Die Mündung ist fast kreisrund, oben durch die Einschnürung des Mundrandes leicht verengt, Aussenrand gekerbt, mit dem concaven Spindelrand keine Ecke bildend.

Aufenthalt an der Ostküste von Afrika.

33. Turritella (Haustator) declivis Adams et Reeve.

Taf. 6. Fig. 3.

Testa pyramidali-turrita, basi plano-angulata, lutescente alba, livido-fusco tincta et versus apicem peculiariter maculata; anfractus 18 plano-declives, basin versus gradatim latiores, undique creberrime striati, lineis incrementi oblique undulatis, sigmoideis, superi medio plicati, inferi supra suturam carina rotundata leviter prominula cincti, ultimus acute angulatus, basi planus. Apertura quadrangularis, extus acute angulata, in fauce sulco profundo munita; peristoma tenue, margo basalis cum columella angulum fere rectum formans.

Long. 70, diam. max. 10 mm.

Turritella declivis Adams et Reeve Voy. Samarang p. 48 t. 12 fig. 10.
— — Reeve Conch. ic. sp. 52.
— — Tryon Manual VIII p. 200 t. 62 fig. 70.

Gehäuse gethürmt pyramidal, unten kantig mit flacher Basis, gelblich weiss, livid bräunlich überlaufen, nach der Spitze hin eigenthümlich gefleckt; 18 ganz flach abfallende Windungen mit eingezogener Naht, nach unten allmählig breiter werdend, überall dicht spiral gestreift, mit eigenthümlich gebogenen, dichten, deutlichen Anwachsstreifen, die oberen in der Mitte gefaltet, die unteren über der Naht mit einem stumpfen, gerundeten, mehr oder weniger vorspringenden Kiel, der letzte scharf kantig mit flacher Basis. Mündung fast viereckig, aussen mit scharfer Spitze, der innen eine tiefe Rinne entspricht; Mundrand dünn, Basalrand mit der Spindel beinahe einen rechten Winkel bildend.

Aufenthalt im chinesischen Meer. Abbildung und Beschreibung nach Reeve.

34. Turritella (Haustator) hanleyana Reeve.

Taf. 6. Fig. 4.

Testa acuminato-pyramidalis, ad basin angulata et plano-concava, sordide lactea, maculis nigricantibus indistinctis obliquis praesertim in parte supera anfractuum tincta. Anfractus 14 plano-declives spiraliter lirati, liris 4 majoribus in quoque anfractu, striis intercedentibus, inferi carina rotundata subexserta marginati; anfractus ultimus distincte angulatus. Apertura subquadrangularis, labro acuto extus angulato.

Long. 47, diam. 15 mm.

Turritella Hanleyana Reeve Conchol. icon. sp. 36.

Gehäuse spitz pyramidal, unten kantig, die Basis flach concav, schmutzig milchweiss mit wenig deutlichen, schiefen, schwärzlichen Striemen, die besonders auf der oberen Hälfte der unteren Umgänge entwickelt sind. Es sind etwa 14 flache Windungen vorhanden, langsam zunehmend, jede mit 4 flachen Spiralreifen, zwischen welche sich schwächere Linien einschieben; die unteren haben über der Naht eine deutliche, mehr oder weniger vorspringende gerundete Kante. Die Mündung ist fast viereckig, der Mundrand dünn, einfach, aussen mit fast geschnäbelter Ecke.

Aufenthalt unbekannt. — Abbildung und Beschreibung nach Reeve. Nach Tryon ein junges Exemplar von Turr. rosea Quoy.

35. Turritella (Torcula) clathrata Kiener.

Taf. 6. Fig. 5. Taf. 7. Fig. 5.

Testa elongato-subulata, subcylindracea, pergracilis, albida; spira regulariter conica apice acuminato; anfractus 18—20 plani, laeves, carinis spiralibus 2 cingulati, supera mediana, infera suprasuturali; anfractus ultimus basi angulatus, dein leviter excavatus, laevis. Apertura subtrigona, extus angulato-producta; columella cum margine basali angulum productum formans.

Long. 48 mm.

Turritella clathrata Kiener Coq. vivants p. 38 t. 14 fig. 1.
— — Reeve Concholog. icon. sp. 37.
— — Tryon Manual VIII p. 206 t. 64 fig. 2.

Gehäuse sehr lang und schlank, fast pfriemenförmig, cylindrisch mit regelmässig konischer Spitze und sehr scharfem Apex. 18—20 flache glatte Umgänge mit zwei starken, vorspringenden Kielen, der obere in der Mitte, der untere stärkere dicht über der Naht, auf der letzten Windung an der Kante stark vorspringend, die Basis leicht ausgehöhlt. Mündung fast dreieckig, aussen stark vorgezogen, innen mit tiefer Rinne; die Spindel bildet mit dem Basalrand ebenfalls einen stark vorgezogenen spitzen Winkel.

Aufenthalt an Australien.

Ich gebe auf Tafel 7 die Kopie der Kiener'schen Originalfigur, auf Tafel 6 die der Reeve'schen, welche weit weniger schlank ausgezogen und dunkel gefärbt ist und mir nicht verschieden erscheint von den californischen Turritellen, die als Turritella Cooperi Carpenter beschrieben worden sind. Handelt es sich hier um zwei verschiedene Arten oder nur um Fundortsverwechslung bei Kiener? Im ersteren Falle würde ich unbedenklich die Reeve'sche Figur zu T. cooperi ziehen.

36. Turritella (Haustator) tasmanica Reeve.

Taf. 6. Fig. 6.

Testa anguste acuminata, solidiuscula, sordide alba; anfractus 15 planiusculi, spiraliter striati lirisque spiralibus tribus, tertia suturam sequente, cincti; interstitia costellis obliquis incrementi creberrimis cancellati; apertura parva, irregulariter quadrangularis; extus et ad columellam angulata; basis concaviuscula.

Long. (ex icone) 42, diam. 9,5 mm.

Turritella tasmanica Reeve Conchol. icon. sp. 42.
— gunnii var. tasmanica Tryon Manual VIII p. 203 t. 63 fig. 87.

Gehäuse sehr schlank und spitz, ziemlich festschalig, schmutzig weiss ohne jede Zeichnung; etwa 15 flache Windungen, spiral gestreift mit 3 stärkeren Reifen, von denen der dritte dicht an der Naht liegt; die Zwischenräume sind durch in der Richtung der Anwachsstreifen gelegene erhabene dichte Querrippchen gegittert; die Basis des letzten Umganges ist ausgehöhlt. Mündung klein, unregelmässig viereckig, aussen und an der Spindelbasis Winkel bildend.

Aufenthalt an Tasmanien. Abbildung und Beschreibung nach Reeve.

37. Turritella (Haustator) candida Reeve.

Taf. 6. Fig. 7.

Testa acuminato-turrita, nivea, immaculata; anfractus 18 plani, regulariter crescentes, spiraliter striati et liris 3 cincti, duabus superis, tertia infera prope suturam, spatio latiusculo subconcavo intercedente; suturis excavatis; anfractus penultimus subquadricarinatus, ultimus carinis distinctis 4 et quinta minore infima cinctus, basi laevi, convexiuscula. Apertura irregulariter rotundato-ovata, angulo externo subnullo.

Long. 53, diam. 13 mm.

Turritella candida Reeve Conch. icon. sp. 38.
— — Tryon Manual VIII p. 204 t. 64 fig. 96.

Gehäuse spitz gethürmt, schneeweiss, ohne jede Zeichnung. Etwa 18 flache Windungen, regelmässig zunehmend, spiral gestreift, die oberen mit 3 stärkeren gerundeten Reifen, zwei oberen, dem dritten, durch einen breiten fast concaven Zwischenraum von ihnen geschieden, über der Naht stärker vorspringend und die Naht ausgehöhlt erscheinen lassend; die vorletzte Windung hat in dem Zwischenraum einen undeutlichen Spiralreif, welcher auf der letzten deutlicher hervortritt; auf dieser kommt noch ein fünfter unterer schwächerer hinzu, die Basis ist glatt, leicht gewölbt. Mündung unregelmässig eiförmig, aussen ohne Ecke.

Aufenthalt unbekannt. Abbildung und Beschreibung nach Reeve.

38. Turritella (Torcula) constricta Reeve.

Taf. 6. Fig. 8.

Testa turrita, suturis profunde constrictis, sordide albida; anfractus 12—14 bicarinati,

carinis distantibus, prope suturas positis, interstitio excavato; anfractus ultimus lira tertia minore inferiore; apertura rotundata, margine externo biangulato.

Long. (ex icone) 37, diam. 10 mm.

Turritella constricta Reeve Concholog. icon. sp. 16 (tab. 10).

Gehäuse gethürmt, mit tief eingeschnürten Nähten und starker Skulptur, schmutzig weiss, ohne Zeichnung; 12—14 Windungen, jede mit einem Kiel oben und einem unten nahe der Naht, der Zwischenraum ausgehöhlt; auf der letzten W. kommt eine dritte untere hinzu; die Zwischenräume sind fein gestreift. Mündung gerundet, Aussenrand den Kielen entsprechend mit zwei Ecken.

Aufenthalt unbekannt. Abbildung und Beschreibung nach Reeve. Wird von Tryon mit Turr. clathrata Kien. vereinigt.

39. Turritella (Haustator) canaliculata Adams et Reeve.

Taf. 6. Fig. 9.

Testa acuminato-turrita, minor, unicolor sordide albida; anfractus 18 vix convexiusculi, spiraliter striati et liris 6 acutis cincti, interstitiis striis incrementi perobliquis pulchre cancellati; inferi lira una supera duabusque inferis prope suturam majoribus; ultimus subangulatus, basi planiusculus; apertura angulato-ovata, labro simplici.

Long. (ex icone) 40, diam. 12,5 mm.

Turritella canaliculata Adams et Reeve Voy. Samarang p. 49 t. 12 fig. 11.

— — Reeve Conchol. icon sp. 57.

Gehäuse sehr spitz gethürmt, zu den kleineren Arten gehörend, einfarbig schmutzig weiss; 18 kaum leicht gewölbte Windungen mit wenig eingezogener Naht, spiralgestreift und mit 6 feinen scharfen Reifen umzogen, von denen eine obere und die beiden untersten stärker vorspringen; die Zwischenräume sind durch die sehr schiefen Anwachslinien hübsch gegittert; letzte Windung stumpfkantig, an der Basis etwas abgeflacht; Mündung eckig eiförmig, Mundrand einfach.

Aufenthalt im indo-chinesischen Meer; Abbildung und Beschreibung nach Reeve. Nach Tryon ein abgebleichtes Stück von Turr. vittulata Ad. et Reeve.

40. Turritella (Haustator) congelata Adams et Reeve.

Taf. 6. Fig. 10.

Testa acute subulata, basi angulata, pellucido-alba; anfractus 16 convexo-plani, ad suturam vix contracti, obscure trilirati, liris tenuibus, distantibus, transversim peroblique striati; apertura angulato-ovata, labro angulato, fauce canaliculato.

Long. (ex icone) 37, diam. 10 mm.

Turritella congelata Adams et Reeve Voy. Samarang p. 47 t. 12 fig. 2.
— — Reeve Conchol. icon sp. 59.
— — Tryon Manual VIII p. 204 t. 64 fig. 94.

Gehäuse spitz gethürmt, sehr schlank, an der Basis kantig, durchsichtig weiss, nach oben hin mehr opak; 16 flach convexe, an der Naht nur wenig eingezogene Windungen mit drei undeutlichen Spiralreifen und feinen, sehr schiefen Anwachslinien; die Spiralreifen weitläufig; Mündung eckig eiförmig; Mundrand mit scharfer Ecke, im Gaumen eine tiefe Rinne.

Aufenthalt im chinesischen Meer; Abbildung und Beschreibung nach Reeve.

41. Turritella (Torcula) hookeri Reeve.

Taf. 6. Fig. 11.

Testa acuminato-turrita, tenuiuscula, pellucido-alba; anfractus 15 conspicue lirati, superi liris duabus, interstitio concavo, inferi lira tertia accedente suprasuturali, subtiliter elevato-striati; basis planiuscula; apertura angulato-ovata.

Long. (ex icone) 37, diam. 12 mm.

Turritella Hookeri Reeve Concholog. icon sp. 61.
— — Tryon Manual VIII p. 206 t. 64 fig. 9.

Gehäuse spitz gethürmt, ziemlich dünnschalig, durchsichtig weiss; 15 stark gereifte Windungen, die oberen mit zwei durch einen breiten concaven Zwischenraum getrennten Reifen, die unteren mit einem anfangs schwachen, dann stärker werdenden dritten dicht über der Naht, dazwischen fein gestreift; Basis ziemlich flach; Mündung eckig eiförmig.

Aufenthalt unbekannt. Nach Tryon nur 22 mm lang.

42. Turritella (s. str.) terebra Linné.

Taf. 7. Fig. 2.

Testa magna, lanceolato-turrita, spira acutissime et regulariter attenuata, solidula, fulvescens, in anfractibus inferis rufo-castanea vel brunnea zona infrasuturali albida. Anfractus ad 25 convexi, ad suturam distinctam utrinque coarctati, vestigiis incrementi distinctis, spiraliter undique confertim striati lirisque acutis, confertis, compressis, prominentibus, regulariter dispositis 6—7 cincti, ultimus infra carinam ex sutura orientem liris, 4—5 minoribus. Apertura obliqua, rotundata, ad basin levissime truncata; labrum rectum, levissime crenatum, columella strictiuscula, contorta, callosa, callo tenuissimo rufescente cum margine externo juncto.

Long. 125, interdum 170 mm.

Turbo terebra Linné Systema naturae ed 12 p. 1239 (nec Fauna suecica) ed. 13 p. 0000.
Turritella terebra Lamarck Anim. s. vert. ed II v. 9 p. 252.
— — Chemnitz Conch. Cab. vol. 10 t. 165 fig. 1591.
— — Reeve Concholog. icon. sp. 3.
— — Kiener Coq. viv. p. 4 t. 3 fig. 1.
— — Tryon Manual VIII p. 195 t. 59 fig. 32.
— archimedis Dillwyn Catal. II p. 871.

Gehäuse gross, gethürmt lanzettförmig, mit ganz spitz verschmälertem Gewinde, ziemlich festschalig, bräunlich, die unteren Windungen meist gesättigter gefärbt, braunroth bis chocoladebraun, und dann mit einer bis zum ersten Kiel reichenden helleren, scharf abgesetzten Nahtzone. Es sind gegen 25 convexe, an der Naht beiderseits eingezogene Umgänge vorhanden, mit ziemlich deutlichen gebogenen Anwachsstreifen, überall dicht spiral gestreift und mit 6—7 regelmässigen, hohen, kielartigen, zusammengedrückten, vorspringenden Spiralreifen umzogen; der letzte ist unterhalb dem aus der Naht entspringenden Spiralreif schwach gewölbt und mit 4 schwächeren Reifen und einigen Linien umzogen. Die Mündung ist schief, gerundet, an der Basis ganz leicht abgestutzt; Mundrand gerade, nicht verdickt, Aussenrand gekerbt, innen braun, seicht gefurcht; Spindel ziemlich strack, leicht gedreht, gelblich, leicht schwielig, durch einen ganz dünnen Callus mit dem Aussenrand verbunden.

Aufenthalt im indischen Ozean. — Philippinen (Cuming); China.

Das abgebildete Exemplar im Senckenbergischen Museum.

43. Turritella (Torcula) cooperi Carpenter.

Taf. 7. Fig. 6. 7.

Testa elongato-acuminata, gracillima, solidula, lutescens, basim versus rufescentifusca, obscure rufo-fusco flammulata; anfractus numerosi, planiusculi, inferi convexiores et sutura profunda discreti, ad suturam supra et infra coarctati, subtilissime spiraliter striati, superi lira unica mediana, inferi liris duabus parum prominentibus, distincte oblique striati, ultimus liris tribus, ad tertiam subangulatus, basi vix convexiusculus. Apertura obliqua, rotundata, basi subtruncata, labro tenui, columella alba, callo tenuissimo induta.

Long. 45, diam. max. 10 mm.

Turritella Cooperi Carpenter Report 1863 p. 612 (nomen), 655. — Id. Pr. Acad. California III p. 216.
— — Tryon Manual VIII p. 200 t. 61 fig. 61.

Gehäuse sehr lang ausgezogen und schlank, festschalig, gelblich, nach unten mehr rothbraun, mit undeutlicheren dunkleren Flammenstriemen; Windungen zahlreich (an meinem oben leicht beschädigten Stück noch 17), die oberen kaum, die unteren etwas mehr gewölbt, an der tiefen Naht oben wie unten eingeschnürt, ganz fein spiral gestreift mit deutlichen schiefen gebogenen Anwachsstreifen, die oberen in der Mitte mit einem Spiralreif, die unteren mit zwei, die letzte noch mit einem dritten unteren und an diesem stumpfkantig, die Basis leicht gewölbt; Mündung schief, gerundet, unten schwach abgestutzt; Mundrand dünn, meist zerbrochen; Spindel weiss mit ganz dünnem Verbindungscallus.

Aufenthalt an Süd-Californien; das abgebildete Exemplar von Herrn Burton in Oackland erhalten.

44. Turritella (s. str.) crocea Kiener.

Taf. 8. Fig. 1—4.

Testa turriculata, acuminato-conica, apice acuto; anfractus 16 regulariter crescentes, superne coarctati, inferne tumidiusculi, spiraliter confertim lirati, liris subaequalibus circiter 12 in quoque anfractu, interstitiis angustis, spiraliter striatis, vestigiis incrementi perarcuatis sub lente levissime decussatis; anfractus ultimus rotundatus, basi ad columellam levissime excavatus, obsolete spiraliter striatus. Apertura subcircularis, peristomate tenui, margine externo flexuoso; columella leviter arcuata, ad junctionem cum margine infero leviter producta. Unicolor crocea, in anfractibus superis ad saturam suturatius, in inferis pallidius tincta.

Long. 110 mm.

Turritella crocea Kiener Coq. vivants p. 24 t. 11 fig. 2.
? — — Reeve*) Concholog. icon. sp. 26.
— bacillum var. Tryon Manual VIII p. 196 t. 60 fig. 42.

---

*) Turr. testa pyramidali-turrita, solidiuscula, anfractibus 20 aut pluribus, convexo-planulatis, spiraliter quinque ad decem carinatis, carinis subtilibus, inaequidistantibus; croceo-brunnea, anfractum parte superiore saturatiore, sutura pallidiore.

Gehäuse gethürmt, spitz kegelförmig, mit ganz spitzem Apex; 16 regelmässig zunehmende Windungen, oben eingeschnürt, unten leicht aufgetrieben, gerundet, vorspringend, gleichmässig und dicht spiral gereift, mit etwa 12 Reifen auf jedem Umgang, die schmalen Zwischenräume unter der Loupe wieder spiral gestreift und durch die sehr feinen, in der Richtung des Mundrandes verlaufenden Anwachsstreifen ganz fein gegittert; die Basis der letzten Windung, die oben ganz leicht ausgehöhlt ist, zeigt nur eine feine Spiralstreifung; Mündung fast gerundet, Aussenrand dünn, buchtig, schneidend; Spindel leicht gebogen, an der Vereinigung mit dem Basalrand einen schwachen Vorsprung bildend. Die Färbung ist einfarbig safrangelb, an der Naht auf den oberen Windungen dunkler, an den unteren heller.

Aufenthalt bei Kiener unbekannt. Er fügt noch hinzu: Espèce qui paraît forte rare dans les collections; elle est bien distincte de toutes ses congénères, principalement par le grand nombre de stries qui couvrent sa surface, et par sa coloration uniforme.

Was Reeve als Turritella crocea abbildet, unterscheidet sich nicht unwesentlich von der Kiener'schen Art durch die viel raschere Verschmälerung des Gewindes resp. die stärkere Verbreiterung des letzten Umganges und die geringere Zahl der gut entwickelten Kiele, ganz besonders aber durch die allerdings in der Diagnose nicht erwähnte, aber auf der Abbildung scharf hervortretende Bänderung, ich würde solche Exemplare (vgl. Fig. 2) ganz unbedenklich zu bacillum stellen, wie Tryon auch thut. Es liegen nun aber aus den älteren Beständen des Senckenbergischen Museums zwei Exemplare vor, die ich für sicher artlich verschieden von bacillum halte; sie stammen beide aus den chinesischen Gewässern; ich bilde sie Taf. 8 Fig. 3 und 4 ab. Sie stellen die beiden Extreme dar, wie man sie bei Turritella so häufig findet. Die eine (Fig. 3) ist gedrungen mit nur schwach von einander abgesetzten Windungen und zwar deutlicher aber nicht tiefer Naht. Die Windungen sind nur flach gewölbt, schwach aber deutlich gestreift, mit 9 Spiralkielen; die feine Spiralskulptur in den Zwischenräumen kann ich nicht erkennen; die Kiele sind ziemlich flach und breit. Das andere Exemplar (Fig. 4) zeigt die auch bei anderen Arten so häufig auftretende subskalare Aufwindung, stärker gewölbte Windungen, die oberen, wie es Kieners Beschreibung verlangt, obenher eingeschnürt, unten aufgetrieben, die unteren erheblich unter der Mitte kantig und dann rasch zur Naht abfallend, über der Kante mit nur 5 scharf vorspringenden Kielen, darunter mit 2—3 schwächeren, die Zwischenräume besonders auf den unteren mit deutlicher Gitterskulptur. Die Nahtgegend ist bei beiden Exemplaren nur wenig heller, als die sonstige Oberfläche, deren Färbung erheblich dunkler als bei Kiener, auf den letzten Windungen ausgesprochen braungelb ist. Ich glaube, dass sie eine Art bilden, welche sich neben bacillum und terebra recht gut halten lässt.

45. Turritella (Zaria?) australis Kiener.

Taf. 8. Fig. 5. 6.

Testa parva, turriculata, crassiuscula, regulariter conica; anfractus circiter 12 convexiusculi, carinis duabus cincti, altera infraperipherica majore granulosa, altera suprasuturali minore; interspatio laevi, excavato; ultimus basi subtilissime striatus. Apertura rotundata, integra; peristoma tenue, acutum; columella regulariter arcuata, basi angulatim producta; fusca, zonula lutescenti suturali alteraque ad peripheriam anfractus ultimi.

Alt. 24 mm.

Turritella australis Lamarck in Kiener Coq. viv. p. 36 t. 4 fig. 3.
— — Tryon Manual VIII p. 207 t. 65 fig. 23.
— granulifera Tenison Woods Pr. Roy. Soc. Tasmania 1875 p. 143.

Gehäuse klein, gethürmt, ziemlich dickschalig, regelmässig kegelförmig; etwa 12 leicht gewölbte Windungen mit zwei Spiralreifen, die obere etwas unter der Mitte liegende stärker, fein gekörnelt, die zweite schwächere dicht über der Naht, durch einen glatten, ausgehöhlten Zwischenraum geschieden, letzte an der Basis ganz fein gestreift. Mündung gerundet, ganzrandig; Mundrand dünn, scharf; Spindel regelmässig gebogen, unten etwas im Winkel vorgezogen, Färbung bräunlich mit einer gelblichen Nahtzone und einer zweiten an der Kante der letzten Windung.

Aufenthalt an Australien.

46. Turritella (s. str.) fragilis Kiener.

Taf. 8. Fig. 7. 8.

Testa turriculata, regulariter conica, apice acuto; anfractus 11—12 convexi, infra medium obtuse angulati, spiraliter undique subtilissime lirati, lirulis granulosis, ultimus rotundatus, ad basin subtilius striatulus; albida, ferrugineo supra et infra suturam fasciata, basi ferruginea. Apertura ovalis, peristomate tenui, acuto; columella regulariter arcuata, ad basin contorta et subtruncata, angulum cum margine basali formans.

Long. 23 mm.

Turritella fragilis Kiener Coq. vivants p. 34 t. 8 fig. 3.

Gehäuse gethürmt, regelmässig konisch, mit spitzem Apex, aus 11—12 gewölbten Windungen bestehend, welche unter Mitte stumpfkantig sind; sie sind dicht mit feinen, leicht gekörnelten Spiralreifchen umzogen, die letzte gerundet, unten feiner gestreift; die Färbung ist weiss mit einer rothbraunen Binde über und einer unter der Naht, die mit einander verschmelzen; die Basis ist ebenfalls rostbraun. Mündung oval, Mundrand dünn, scharf, schneidend; Spindel leicht gebogen, unten etwas gedreht und wie abgestutzt, mit dem Basalrand eine Ecke bildend.

Aufenthalt unsicher, gewiss nicht im Golf von Gascogne, wie Kiener angibt. Tryon vereinigt sie, wie fuscocincta Petit und parva Angas, glatt mit T. cingulifera Sow., was mir kaum richtig scheint. Ich gebe Abbildung und Beschreibung nach Kiener.

47. Turritella (Haustator) nodulosa King.

Taf. 7. Fig. 8. 9. Taf. 9. Fig. 4 5.

Testa acuminato-turrita, apice acuto, solida, sordide griseo-alba, inter nodulos fusco profuse strigata. Anfractus 16—17 convexiusculi. spiraliter confertim lirati, plerumque biangulati, angulo supero supramediano, nodulis albidis regularibus armato, infero suprasuturali, nisi in anfractu ultimo parum conspicuo; interstitio inter angulos obsolete concavo, basi convexiuscula. Apertura subcircularis, labro tenui. margine basali subeffuso.

Long. 55, diam. 13 mm.

Turritella nodulosa King Zoolog. Journ. vol. V p. 347.
— — Deshayes Lamarck Anim. sans. vert. vol. IV p. 263.
— — Reeve Concholog. icon. sp. 11.
— -- Tryon Manual vol. VIII p. 202 t. 63 fig. 78. 79.
— papillosa Kiener*) Coq. viv. p. 31 t. 14 fig. 5.

Gehäuse spitz gethürmt mit spitzem Apex, festschalig, schmutzig grauweiss mit reichen braunen Längsstriemen zwischen den Knötchen; die 16—17 Windungen sind schwach gewölbt, dicht und ziemlich grob spiral gestreift, meistens mit zwei stärkeren Kanten, der oberen über der Mitte mit weissen spitzen Knötchen besetzt, die ziemlich regelmässig vertheilt sind, die untere weniger deutliche über der Naht ohne Knötchen, nur auf der letzten Windung stärker hervortretend; der Zwischenraum zwischen den Kanten ist leicht ausgehöhlt, die Basis gewölbt. Mündung fast

*) T. testa elongata, albo-grisea, flammulis fuscis longitudinalibus picta, anfractibus tenuissimo striatis, rugosis; striis duabus maximis, subnodulosis; apertura subquadrata. — Long. 38 mm.

kreisrund, mit dünnem Mundrand, der Basalrand leicht ausgussartig zusammengedrückt.

Aufenthalt an der Westküste von Zentralamerika; das abgebildete Exemplar von Cuming im Golfo dulce gedrakt, im Senckenbergischen Museum. — Taf. 7 Fig. 8. 9. die Kopie von T. papillosa Kien.

48. Turritella (Haustator) lentiginosa Reeve.

Taf. 9. Fig. 1–3.

Testa elongato-turrita sed subobesa, solida, ponderosa, griseo-alba, lineis brevibus nigricantibus fasciatim et strigatim dispositis undique picta. Anfractus 16—17 leniter crescentes, sutura distincte impressa discreti, supremi laeviusculi, carina mediana ad peripheriam et interdum altera ad basin cingulati, rosei vel violacei, sequentes planiusculi, interdum ad suturam imbricatim exserti, spiraliter lirati et striati, liris nonnullis parum distinctioribus, inferi magis convexi, supra medium leviter excavati, dein tumidi, interdum carinis obsoletis 2 cincti, ad suturam coarctati, ultimus carinis distinctioribus munitus, ad peripheriam obtuse angulatus, basi convexus et sulcis spiralibus profundis latiusculis sculptus. Apertura irregulariter ovata, basi subeffuso-producta, albida vel livido-alba, intus laevis; peristoma tenue.

Long. ad 130 mm.

Turritella lentiginosa Reeve Concholog. icon. sp. 9.
— goniostoma var. Tryon Manual VIII t. 61 fig. 55.

Gehäuse hoch gethürmt, doch ziemlich gedrungen, festschalig und schwer, weisslich bis hellgrau mit einer ganz eigenthümlichen Zeichnung, welche aus kurzen braunen Strichelchen besteht, die in spiraler Richtung stehen, aber auch striemenartig angeordnet sind; die Striemen stehen meist auf einem blaugrauem Grunde. Meine beiden Exemplare, deren Apex allerdings abgebrochen ist, haben sicher nicht über 17 Windungen gehabt, während Reeve zwanzig angibt. Die obersten Windungen sind glatt, flach, rosa oder violett überlaufen, anfangs mit einem Peripherialkiel, dann mit einem zweiten über der Naht; beide verschwinden bald. Die folgenden Windungen sind flach und springen manchmal an der Naht über die

---

*) T. subobeso-turrita, anfractibus ad 20, primis perpaucis carinatis, medianis planulatis, caeteris medio convexis, basi tumidis, omnibus creberrime spiraliter striatis et sulcatis, aperturam versus laminis irregularibus imbricatis; albida, lineis subtilibus fuscis, brevibus, interruptis, spiraliter lentiginosa, maculis strigisve nigricantibus subindistinctis oblique nebulata, apice interdum violaceo.

nächsten vor; sie sind mit dichten welligen Spirallinien umzogen, von denen einige etwas stärker vorspringen, ohne indess kielartig zu werden; die Naht ist immer deutlich. Die unteren Windungen sind stärker gewölbt, aber mehr oder minder deutlich in der Mitte ausgehöhlt und dann zu einer Art verdicktem Gürtelwulst aufgetrieben, auf dem die Spiralskulptur deutlicher ist; an der Naht sind sie scharf eingeschnürt; die letzte Windung ist etwas stärker gewölbt, ausgeprägter skulptiert, mitunter hinter dem Mundrand mit lamellös vorspringenden Anwachsstreifen, oben undeutlich geschultert, an der Peripherie stumpfkantig, darunter convex mit regelmässigen tiefen Spiralfurchen. Die Mündung ist unregelmässig cirund, unten ausgussartig zusammengedrückt und vorgezogen, der Gaumen glatt, weisslich oder livid überlaufen, die Spindel ausgeschnitten, leicht gedreht.

Aufenthalt an der Küste von Peru. — Die beiden Fig. 1 und 2 abgebildeten Exemplare im Senckenbergischen Museum, Fig. 3 Kopie der Reeve'schen Originalfigur.

Ich habe mich erst nach schwerem Bedenken entschlossen, meine beiden Exemplare zu der Reeveschen Art zu stellen, deren Beschreibung allerdings besser zu ihnen passt, als die Abbildung, welche eine erheblich stärkere Spiralrippung zeigt. Namentlich das Fig. 1 abgebildete Exemplar weicht durch die stärkere Wölbung der letzten Windung sehr erheblich ab, wird aber durch Fig. 2 mit dem Typus verbunden. Tryon hat die sämmtlichen grösseren Turritellen von der Westküste des tropischen Amerika vereinigt; ich kann ihm darin vorläufig noch unmöglich folgen, die vorliegenden Figuren sind doch zu verschieden und er hat es leider unterlassen, seine Zwischenformen abzubilden.

49. Turritella (Haustator) cingulata Sowerby.

Taf. 9. Fig. 6. 7.

Testa pyramidali-turrita, crassa, ponderosa, alba, ferrugineo-fusco diffuse cincta, liris castaneo-nigris; sutura profunde contracta; anfractus 17 planulati, confertissime arcuatim striati, spiraliter costis tribus majoribus oblique tuberculatis, nonnullisque minoribus, cincti, in interstitiis spiraliter striati, ultimus rotundatus, basi convexus, spiraliter plano-liratus. Apertura rotundata, peristomate tenui, margine externo sinuato, columella inferne callosa; faucibus fasciis translucentibus.

Long. 65—70 mm.

Turritella cingulata Sowerby Tankerville Catal. Append. p. XIII.
— — Reeve Concholog. icon. sp. 23.

Turritella cingulata Kiener Coq. viv. p. 16 t. 10 fig. 2.
— — Tryon Manual VIII p. 200 t. 62 fig. 71.
— tricarinata King Zoolog. Journal V p. 346.

Gehäuse pyramidal gethürmt, in ausgewachsenem Zustand festschalig und schwer, weiss, unter der Naht und an dem letzten Umgange mit rostbraunen Binden, und mit tiefschwarzbraunen Spiralgürteln. Naht tief eingeschnürt, weiss berandet; siebzehn Windungen, flach gewölbt, an der Naht schräg einfallend und eingeschnürt, dicht und fein gestreift, die Streifen stark bogig, mit drei starken und einigen schwächeren gekörnelten Spiralreifen, die Zwischenräume spiral gestreift. Die Knötchen der Spiralreifen sind mit ihrem grössten Durchmesser in der Richtung der Anwachsstreifen orientirt, deshalb auf den drei Gürteln verschieden gerichtet. Die letzte ist gerundet, an der Basis convex, mit flachen Spiralreifen, mitunter mit blosen Binden. Mündung gerundet, Mundrand dünn, Aussenrand gebuchtet, Gaumen mit durchscheinenden Binden, Spindel unten mit dickerer Schwiele, oben nur mit ganz dünnem Beleg.

Aufenthalt an der Küste von Chile, bei Valparaiso massenhaft, das abgebildete Exemplar von Cuming an das Senckenbergische Museum gegeben.

50. Turritella (Haustator) broderipiana d'Orb.

Taf. 10. Fig. 1—3.

Testa magna, perelongato-turrita vel subcylindraceo-attenuata, solida, ponderosa, fulvescens, strigis obliquis rubido-fuscis, e lineis brevibus compositis, creberrime picta. Anfractus 16—17, superi plani, ad peripheriam carinati, sutura parum distincta, sequentes plani, ad suturas contracti, liris planis creberrimis undique cincti, carinis fortioribus nullis, inferi medio excavati, ad suturam tumidiusculi, ultimus ad peripheriam obsoletissime angulato-rotundatus, basi convexiusculus, haud sulcatus, circa columellam levissime excavatus. Apertura ovata, supra angulata, basi haud effusa, columella arcuata, callosa, faucibus albis vel lividis.

Long. ad 170 mm.

Turritella broderipiana d'Orbigny Voy. Amér. mérid. p. 388.
— — Reeve*) Concholog. icon. sp. 6.
— marmorata Kiener**) Coq. viv. p. 23 t. 8 fig. 1.
— goniostoma var. Tryon Man. VIII t. 61 fig. 53. 54.

*) Turr. testa elongato turrita subcylindraceo tumida, anfractibus 18 undique creberrime impresso-seriatis perpaucis primo unicarinatis, medianis planulatis, caeteris medio depresso-concavis, suturis interdum

Gehäuse zu den grössten der Gattung zählend, sehr lang kegelförmig, doch immer etwas walzig, dickschalig und schwer, bräunlich mit schiefen rothbraunen Striemen, welche aus kurzen Spirallinien zusammengesetzt sind. Es sind 16—17 Windungen vorhanden; die obersten sind flach und haben einen mehr oder minder deutlichen Peripheriekiel, die folgenden sind ebenfalls flach, aber an der Naht deutlich eingezogen, dicht mit flachen, wenig vorspringenden, fast gleichen Spiralreifchen umzogen, ohne vorspringende Kiele; die unteren sind in der Mitte leicht ausgehöhlt, darunter aufgetrieben, die letzte hat nur eine ganz undeutliche, abgerundete Kante und unter derselben keine stärkeren Furchen; die Basis ist ziemlich convex, nur um die Spindel leicht ausgehöhlt. Mündung eiförmig, oben spitz, unten nicht ausgussartig; Spindel gebogen, leicht schwielig verdickt; Gaumen weiss oder in der oberen Hälfte leicht livid überlaufen.

Aufenthalt an der Westküste von Peru. Fig. 1 nach einem Exemplar des Senckenbergischen Museums. Fig. 2 Kopie einer auffallend schlanken, von Reeve abgebildeten Form, Fig. 3 nach der Figur von T. marmorata Kien.

Dass Turritella broderipiana und marmorata identisch sind, kann wohl keinem Zweifel unterliegen; erstere hat die Priorität. Vom Turr. lentiginosa ist sie meines Erachtens durch die ganz andere Zunahme der Windungen, die Skulptur und den Mangel der tiefen Basalfurchen so scharf unterschieden, dass von einer Vereinigung keine Rede sein kann.

51. (21) Turritella (Haustator) rosea Quoy.

(Taf. 5. Fig. 2). Taf. 10. Fig. 4—7.

Testa pyramidali-conica, solida, ponderosa haud nitens, basi angulata, lutescenti rufa, albido leviter incrustata; anfractus (apice fracto superstites 11) 15 plani vel levissime convexiusculi, sutura parum conspicua, spiraliter confertim striati et lirati, liris plerumque 5 majoribus, leviter prominulis, sub lente plus minusve distincte granulosis, inaequidistantibus, striis oblique arcuatis confertissimis rugulosis sub lente undique sculpta. Anfractus ultimus supra subangulatus, ad basin angulato-carinatus, carina prominula spiraliter striata,

---

indistinctis; fulvesvente, coeruleo-fuscescente nebulata, lineis rubido-fuscis transversis brevibus interruptis, in strigis undulatis frequenter dispositis, dense lentiginosa.

**) T. testa crassa, elongato-subulata, turrita, apice acuminata, transversim tenuissime striata, subrugosa, brunneo-violacea, et flavescente marmorata, flammulis longitudinalibus variegata; anfractibus planis, medio subconcavis; apertura subtrigona. — Long. 170 mm.

basi planiusculus, confertissime inaequaliter striatus et liratus. Apertura ovato-angulata, infra producta, ad angulum sulcata, faucibus lividis.

Long. 80—90, diam. anfr. ult. 24 mm.

Turritella rosea vide supra p. 17 (sp. 21).

— — Kiener Coq. viv. p. 32 t. 12 fig. 2

— lineolata Kiener*) Coq. viv. p. 25 t 5 fig. 2.

Eine von dem Museum in Auckland erhaltenes Stück der neuseeländischen Turritella veranlasst mich, noch einmal auf diese Art zurückzukommen, da dieselbe in mancher Hinsicht von der Reeve'schen sowohl wie von der Kiener'schen Figur abweicht und die Beschreibung auch einiger Ergänzung bedarf. Vor allem zeigen die beiden Figuren nicht den eigenthümlichen, ich möchte sagen antarktischen Habitus der Conchylie, der ganz ihrer Heimath in gemässigten Breiten entspricht. Dann ist mein Exemplar ganz erheblich plumper und hat an der Basalkante 24 mm Durchmesser, während die kaum kleinere Reeve'sche Figur nur 20 mm hat. Auch die Skulptur ist erheblich anders; die fünf stärkeren Spiralreifen springen bei weitem nicht so stark hervor und sind nicht so viel stärker, als die Zwischenlinien, und sie erscheinen unter der Loupe fein gekörnelt. Die Loupe zeigt auch dichte, gebogene, schiefe, runzelartige Anwachsstreifen, welche die ganze Oberfläche rauh und glanzlos erscheinen lassen. In den Zwischenräumen hat sich ein feiner, mehlartiger Kalküberzug festgesetzt, welcher dazu beiträgt, der Conchylie ein arktisches Aussehen zu verleihen. Die letzte Windung ist unter der Naht leicht geschultert und hat eine starke, gerundete, vorspringende Kielkante mit einigen erhabenen Spirallinien. Die Mündung ist innen kaum ganz schwach livid überlaufen; der Kante entspricht eine tiefe Furche; unten ist sie ausgussartig zusammengedrückt.

Turritella lineolata Kiener, deren Abbildung ich unter Fig. 6. 7 kopire, wird wohl hierhergehören, trotz der abweichenden Färbung und der viel schwächeren Basalkante; die Beschreibung der Microskulptur passt völlig auf das vorliegende Exemplar.

---

*) T. testa elongato turrita, acuminata, grisea, transversim tenuissime striata; striis longitudinalibus tenuissimis flexuosis; anfractibus subindivisis planulatis, brunneo costulatis: apertura subrotunda. — Long. 65 mm. — Habite — ?

52. Turritella (Haustator) goniostoma Valenciennes.

Taf. 11. Fig. 1—5.

Testa elongato-acuminata, apice acutissima, solida sed haud crassa, albida, griseo profuse tincta, fusco vel nigro fusco varie maculata vel strigata, interdum omnino fusca. Anfractus 18—20 plani, supremi albidi vel roseacei, carina acuta exserta peripherica cincti, sequentes spiraliter striati et tenuissime inaequaliterque lirati, sub vitro striis incrementi antrorsum arcuatis sculpti, inferi supra angulati et carina cincti, dein excavati, carina altera subsuturali, in infimis exserta muniti, ultimus vix major, ad peripheriam acute carinatus, basi convexiusculus, profunde sulcatus. Apertura rotundato-angulata, basi subeffusa, labro tenui.

Long. ad 100 mm.

Turitella goniostoma Valenciennes Zool. Voy. Humboldt vol. II p. 275.
— — Kiener*) Coq. viv. p. 21 t. 10 fig. 1.
— — Reeve**) Concholog. icon. sp. 10.
— — Tryon Manual VIII p. 198 (ex parte) t. 60 fig. 51. 52.
meta Reeve***) Concholog. icon. sp. 34.

Gehäuse lang und spitz, mit sehr spitzem Apex, fest doch nicht besonders dickschalig, weisslich, grau überlaufen, in der mannigfachsten Weise braun bis schwarzbraun gefleckt und gestriemt, manchmal die dunkle Zeichnung überwiegend, so dass nur einzelne weisse Flecken und Striemen übrig bleiben, mitunter selbst fast einfarbig schwarzbraun, nur die Nahtgegend, wie fast immer, heller. Es sind 18—20 Windungen vorhanden, die obersten weisslich oder rosa, mit einem scharfen, vorspringenden Spiralkiel, die folgenden spiral gereift und gestreift, unter der Loupe mit nach vorn gebogenen Anwachsstreifen, die unteren oben geschultert und mit einer vorspringenden Kante umzogen, in der Mitte leicht ausgehöhlt, dann über der Naht mit einer schwächeren Kante, welche aber auf den untersten Windungen

---

*) T. turrita, conica, transversim costata et tenuissime striata, fusco albo et violaceo marmorata, flammulis maculata; anfractibus planis, ultimo subangulato, basi sulcato.

**) T. subcylindraceo-acuminata. anfractibus 18—20, spiraliter tenuistriatis, primis perpaucis carinatis, medianis planulatis, caeteris medio convexis, costa interdum prominula et crenulata supra et infra angulatis, anfractu ultimo saepe prope aperturam laminis subimbricatis; alba, griseo-vel rufescente-nigro dense marmorata.

***) T. pyramidali-conica, crassiuscula, anfractibus 15 plano-declivibus, basi tumidiusculis, spiraliter crebristriatis, anfractuum dimidio superiore eximie subirregulariter lirato, liris suobsolete granosis; fulvescente-alba, purpureo-rufo maculata et variegata, liris striisque purpureo-rufo alboque nitido articulatis.

schärfer vorspringt und auf dem letzten als Peripheralkante bis zur Mündung durchläuft. Letzte Windung kaum grösser, an der Basis convex mit einigen tieferen Furchen. Mündung eckig kreisrund, unten schwach ausgussartig; Mundrand dünn.

Aufenthalt an der Westküste von Zentralamerika, von Californien bis Peru. — Figur 1 Kopie der Kiener'schen Figur, die übrigen nach Exemplaren des Senckenbergischen Museums.

Eine in Skulptur und Färbung ungemein veränderliche Art, von der mir leider nur die vier abgebildeten Exemplare vorliegen. Von T. broderipii und T. marmorata, mit denen sie Tryon vereinigt, lässt sie sich meiner Ansicht nach mit voller Sicherheit trennen. Bezüglich T. punctata Kiener bin ich weniger sicher. Turritella meta Reeve gehört trotz der fehlenden Schulterkante, wohl sicher hierher und deckt sich ungefähr mit unserer Fig. 5. Auch bezüglich Turritella banksii muss ich meine oben p. 19 ausgesprochene Ansicht zurücknehmen; sie kann trotz der sehr eigenthümlichen und constanten Skulptur doch zu goniostoma gehören, muss aber wohl als Varietät anerkannt werden. Die Vereinigung ist übrigens schon von Carpenter vorgenommen worden. — Verdächtig ist mir dagegen die von Reeve unter Fig. 10b abgebildete Varietät, deren Spiralskulptur für T. goniostoma auffallend stark ist.

53. Turritella (Haustator) triplicata Brocchi.

Taf. 12. Fig. 2—5.

Testa conico-turrita, solida, opaca, apice acuminato, fulvida, unicolor vel rubro indistincte longitudinaliter strigata et flammulata. Anfractus 15—16 vix convexiusculi, ad suturam parum coarctati, spiraliter subtiliter lirati, liris plerumque tribus majoribus planis laevibus cincti, striis incrementi arcuatis flexuosis praecipue in anfractu ultimo distinctis; anfractus ultimus angulatus, ad angulum costa quarta minus distincta cinctus, basi vix convexiusculus. Apertura angulato-ovata; columella arcuata vix incrassata; labrum acutum, tenue, basi subangulatum.

Long. ad 50—60 mm.

Turbo triplicatus Brocchi Conch. foss. subapp. p. 368 t. 6 f. 14.
Turritella triplicata Philippi Enum. Moll. Sicil. I p. 190 II p. 160 t. 25 fig. 23.
— — Kiener Coq. vivants Turritella p. 35 t. 6 fig. 1.
— — Weinkauff Mittelmeerconchyl. vol. II p. 321.
— — Monterosato Enumer. e Sinon. p. 29.
— — Bucquoy, Dautzenberg et Dollfus Moll. Roussillon p. 227 t. 28 fig. 1—5.

Turritella triplicata Kobelt Prodromus Faunae Europ. p. 211.
— — Locard Catal. génér. p. 194.
Turbo duplicatus Brocchi Conch. foss. subapp. p. 368 t. 6 f. 18, nec L.
Turritella imbricata Scacchi Cat. p. 116, nec L.
— turbona Monterosato Ann. Mus. Civico Genova IX p. 420.
— — Locard Catal. génér. p. 194.
— triplicata „Studer" Reeve Conchol. icon. sp. 43.
— — Tryon Manual VIII p. 197 t. 60 fig. 48—50.

Gehäuse gethürmt kegelförmig, festschalig, undurchsichtig, mit spitzem Apex, einfarbig fahl bräunlich oder mit schmalen rothen Flammenstriemen, die Färbung meist wenig auffallend. Es sind 15—16 kaum leicht gewölbte, an der Naht nur ganz leicht eingezogene Windungen vorhanden, mit feinen Spiralreifen umzogen, von denen meistens drei, seltener zwei, stärker sind. Ihre Ausbildung ist sehr verschieden, die Skulptur überhaupt sehr variirend; das eine Extrem bezeichnet die fast glatte var. obsoleta Bucquoy, das andere die Form, welche Reeve l. c. als triplicata „Stud." vom Gambia abbildet, dazwischen finden sich alle möglichen Combinationen; besonders häufig findet man den oberen Reif doppelt oder neben ihm einen zweiten, etwas weniger starken; auf Exemplaren mit verkümmertem oberem Reif beruht Turritella duplicata bei Brocchi und Philippi. Die Anwachsstreifen sind auf den oberen Windungen meist nur sehr schwach entwickelt, auf dem letzten dagegen deutlich, stark gebogen. Die letzte Windung hat an der Kante einen vierten, schwächeren Reif, die Basis ist kaum gewölbt; Mündung viereckig eiförmig; Spindel regelmässig gebogen, kaum verdickt; Mundrand einfach, scharf, unten und aussen mit einer Ecke.

Aufenthalt im Mittelmeer und im lusitanischen Meer, südlich bis zum Gambia, überall ziemlich einzeln. Die abgebildeten Exemplare in meiner Sammlung.

Eine grössere, bis 75 mm. lange Form mit nur 2 Reifen hat Monterosato als Turritella turbona abgetrennt; eine Form mit verkümmerten Reifen (Moll. Roussillon Taf. 28 Fig. 5) hat Bucquoy als var. obsoleta unterschieden. — Reeve nennt durch einen lapsus memoriae als Autor Studer und Tryon ist ihm darin gefolgt und setzt im Register dahinter: Enum. Moll. Sicil. I p. 190, was richtig, aber nicht von Studer, sondern von Philippi ist.

54. Turritella (Haustator) communis Risso.

Taf. 12. Fig. 6—11.

Testa elongato-turrita, solida, opaca, unicolor fuscescens, apice acuto. Anfractus 12—18 convexi, sensim crescentes, sutura distincta, basin versus profundiore discreti, undique oblique striati, spiraliter sulcati lirisque plerumque tribus in anfractibus spirae, 6 in ultimo cingulati, ultimus subangulatus, basi planiusculus. Apertura subquadrangularis, inferne leviter expansa, labro externo tenui, arcuato, interno fere verticali, basin versus leviter reflexo.
Long. ad 50 mm.

? Turbo terebra Linné Syst. nat. ed 12 p. 1239 (ex parte?)
— — Wood Index testaceol. t. 32 fig. 137.
Turritella terebra Philippi Enumer. Moll. Sicil. I p. 190.
— — Jeffreys Brit. Conch. IV p. 80 t. 70 fig. 6—11.
— communis Risso Europe merid. IV p. 106 t. 4 fig. 57.
— — Forbes et Hanley Hist. III p. 173 t. 89 fig. 1—3.
— — Sowerby Illustr. Index t. 15 fig. 2. 3.
— — Weinkauff Mittelmeerconch. II p. 218.
— — Bucquoy, Dautzenberg et Dollfus Moll. Roussillon t. 28 fig. 6—11.
— — Locard Catal. génér. p. 193.
— — Kobelt Prodromus p. 211.
Turbo ungulinus Müller Zool. Daniae Prodr. p. 242, nec Linné.
Turritella ungulina Deshayes-Lam. vol. IX d. 260.
— cornea Kiener Coq. viv. Turrit. t. 7 fig. 35, nec Lam.
— — Reeve Conchol. icon. sp. 35.
— — Sowerby Illustr. Index t. 15 fig. 1
— trisulcata Blainville Faune franc. p. 308 t. 12a fig. 4, nec Lam.
— Linnaei Deshayes Exped. Morée p. 146.

Gehäuse lang gethürmt, festschalig, undurchsichtig, einfarbig bräunlich gelb, ohne Zeichnung; Apex spitz. Es sind 12—18 stark gewölbte, langsam zunehmende Windungen vorhanden, welche durch eine deutliche, nach der Mündung hin immer tiefer werdende Naht geschieden sind; sie haben überall deutliche Längsstreifen und sind spiral gefurcht; meistens sind auf den oberen Windungen drei stark vorspringende Spiralkiele ausgeprägt, auf der letzten 4—6, dazwischen öfters feinere Reifchen. Die unteren Windungen sind oft kantig, die letzte mehr oder minder zweikantig, an der Basis flach. Mündung fast viereckig, unten leicht ausgussartig ausgebreitet; Mundrand dünn, gebogen; Spindelrand fast senkrecht, unten leicht umgeschlagen.

Aufenthalt in den europäischen Meeren. Fig. 6. 7 aus England, Fig. 8. 9 von Triest, Fig. 10. 11 aus dem norwegischen Moldefjord.

Eine, wie die drei abgebildeten Exemplare zeigen, in Gestalt wie in Skulptur recht veränderliche Art. Eine Sonderung in Varietäten ist trotzdem nicht wohl möglich.

55. Turritella (Haustator) leucostoma Valenciennes.

Taf. 13. Fig. 1 Taf. 15. Fig. 8.

Testa subpyramidali-acuminata, angusta, acutissime lanceolata, solidiuscula, anfractibus ad 20 superne contractis, suturis excavatis, inferne extrorsum projectis, planulatis, spiraliter sexliratis, liris angustis, subdistantibus, interstitiis subtilissime striatis; fulvescente-alba, liris nitide aurantio-rufo articulatis. — Rve.

Long. ad 100 mm.

Turritella leucostoma Valenciennes Zool. Voy. Humboldt II p. 275.
— — Kiener*) Coq. viv. p. 9 t. 6 fig. 2.
— — Reeve Conchol. icon sp. 5.
— — Tryon Manual VIII p. 200 t. 62 fig. 72.

Gehäuse sehr hoch gethürmt, schlank und spitz, ziemlich festschalig, mit etwa 20 oben verschmälerten Windungen, die unten etwas aufgetrieben sind und über die sehr tief eingesenkte Naht vorspringen, sie haben nach Kiener fünf, nach Reeve sechs gleiche gleichmässig angeordnete, schmale Spiralreifen, zwischen denen dichte feine Spirallinien liegen; die letzte Windung ist unten kantig, an der Basis nur fein gestreift. Die Mündung ist abgerundet dreieckig, der Aussenrand dünn und schneidend, an der Vereinigung mit der Spindel einen stumpfen Winkel bildend. Die Färbung ist weisslich oder gelblich mit braunrothen Flammen, die mitunter nur auf den Reifen entwickelt sind, so dass diese gegliedert erscheinen.

Aufenthalt an der Westküste von Zentralamerika. — Acapulco (Kiener) — Golf von Nicoya (Cuming).

Eine der selteneren Arten, die ich mir nicht habe verschaffen können. Ich kopire auf Taf. 13 die Reeve'sche, auf Taf. 15 die Kiener'sche Figur.

*) T. testa turrita, costis transversis circumcincta, nitida, albida, flammulis castaneis variegata; anfractibus subtumidis; apertura subrotundata; labro ad basim angulato.

56. Turritella (s. str.) ungulina Linné.

Taf. 13. Fig. 2-6.

Testa acuminato-turrita, solidula, spiraliter lirata, plerumque rufo-fusca, aperturam versus castanea, demum ustulato-nigra, fascia subsuturali lutescente, rarius unicolor fuscescens, roseo-albida vel castaneo-fusca. Anfractus 15 convexi, spiraliter striati et lirati, liris 16—20 majoribus, interdum aperturam versus evanescentibus, interstitiis striatis, inferi superne declives, dein tumidi, ad suturam profundam iterum declives; anfr. ultimus rotundatus. Apertura rotundato-ovata, labro simplici, columellari super basin dilatato.

Long. ad 80 mm.

Turbo ungulinus Linné Syst. nat. ed XII p. 1240, nec Turr. ungul. Deshayes.
Turritella ungulina Reeve*) Concholog. icon. sp. 1.
— — Tryon Manual VIII p. 196 t. 60 fig. 43.
— fuscata Lamarck**) Anim. sans vert. ed. II vol. VIII p 255.
— — Kiener Coq. vivants p. 8 t. 3 fig. 2.

Gehäuse gethürmt langkegelförmig, festschalig, flach spiralgereift, meist mehr oder minder intensiv braunroth, nach der Mündung hin dunkler werdend, schliesslich schwarzbraun, aber dann fast immer mit heller breiter Nahtbinde, seltener einfarbig braun mit schwacher Nahtbinde, wie der Kiener'sche Typus, oder fahlbräunlich mit undeutlicher Nahtbinde, oder rosa mit opak gelbweisser Nahtbinde. Fünfzehn oben abgeflachte, dann aufgetriebene, an der Naht wieder steil einfallende Windungen, spiral gestreift und mit 6—10 stärkeren Spiralreifen umzogen, die häufig nach der Mündung hin verkümmern; letzte Windung gerundet. Die Mündung rund eiförmig mit einfachem, aber mitunter ziemlich dickem Mundrand, im Gaumen glatt, der Spindelrand in einen oft weit über die Basis ausgebreiteten Callus verbreitert.

Aufenthalt am Senegal. Die beiden Fig. 4, 5 und 6 abgebildeten Exemplare im Senckenbergischen Museum, das letztere ein Albino; Fig. 2 Kopie nach Kiener, Fig. 3 Kopie nach Reeve. — Tryon wäre nicht abgeneigt, Turritella nivea Gray hierherzuziehen, doch habe ich eine solche Skulptur nie bei T. ungulina gesehen.

---

*) Turr. testa acuminato-turrita, anfractibus 15 convexis, laevibus, regulariter decemstriatis, interstitiis superficialiter sulcatis; apertura suboblongo-ovalis; castaneo-rufa, aperturam versus ustulato-nigra.

**) T. testa turrita, transversim striata, castaneo-fusca; anfractibus convexis. — Hab. — ? Elle a ses tours renflés et ses sutures très-resserrées; point de stries. — Long. $22^1/_2$'''.

57. Turritella (Haustator) tigrina Kiener.

Taf. 14. Fig. 1—5.

Testa elongato-turrita, sat gracilis, solidula, spiraliter lirata et sulcata, albida vel lutescens, rufo-fusco vel castanea strigata et flammulata; anfractus ad 20 planulati, supra suturam profundam tumidi et prominuli, liris 5—6 majoribus sulcisque minoribus numerosis cincti, ultimus ad peripheriam subangulatus, basi laevior. Apertura rotundato-subquadrangularis, labro tenui, angulum cum columellari arcuato formanti.

Long. ad 100 mm.

Turritella tigrina Kiener*) Coq. viv. p. 29 t. 4 fig. 2.
— — Reeve**) Conchol. icon. sp. 8.
— — Tryon Manual VIII p. 199 t. 62 fig. 65.
— — Carpenter Mazatlan Shells p. 332.
— — Menke Zeitschr. f. Mal. 1850 p. 164.

Gehäuse hoch gethürmt, ziemlich schlank, festschalig, spiral gereift und gefurcht, weisslich oder gelblich mit rothbraunen oder kastanienbraunen, häufig sehr scharf ausgeprägten Flammenstriemen. Die 20 Windungen sind flach und springen über der tiefen Naht in Form eines aufgetriebenen, schräg zur Naht abfallenden Gürtels vor; sie tragen 5—6 grössere und einige schwächere Spiralreifen in etwas ungleichen Abständen; der letzte ist an der Peripherie stumpfkantig, an der Basis glätter. Mündung ein abgerundetes längliches Viereck mit einer deutlichen Ecke zwischen dem dünnen Aussenrand und der gebogenen, schwach verdickten Spindel. Die Färbung scheint im Gaumen durch.

Aufenthalt an der Westküste von Zentralamerika, vom Panama bis Mazatlan. — Fig. 1, 4 und 5 nach Exemplaren des Senckenbergischen Museums, 3 Kopie nach Kiener, 4 nach Reeve.

58. Turritella (Haustator) flammulata Kiener.

Taf. 14. Fig. 6. 7.

Testa elongato-turrita, solidula, fulvescenti-alba, roseo et spadiceo-fusco strigata et

*) T. testa elongato-turrita, transversim striata, albida, flammis longitudinalibus rufo-fuscis picta; anfractibus basi subangulatis; apertura subrotunda; labro dextro tenui, sinuato. — Hab. — ?

**) T. testa pyramidali-turrita, subangusta, solidiuscula, anfractibus 18—20, spiraliter quinque-vel sexliratis, costa tumida declivi ad basin angulatis; albida, flammis obliquis purpureo-nigris profuse picta. — Hab. Gulf of California.

super costas articulata. Anfractus 18 leniter crescentes, supremi angulati et ad peripheriam bicostati, caeteri convexi, spiraliter lirati, liris 7 rotundatis, quam interstitia latioribus; interstitiis sub vitro transversim striatis; ultimus infra medium distincte angulatus, basi planiuscula, regulariter spiraliter lirata, unicolore. Apertura rotundato-ovata, labro tenui, intus sulcato, externo late sinuoso.

Long. ad 95 mm.

Turritella flammulata Kiener*) Coq. viv. p. 7 t. 5 fig. 1.
— — Reeve**) Concholog. icon. sp. 24.
— — Tryon Manual VIII p. 201 t. 62 fig. 73.
— ligar Deshayes***) Anim. sans vert. ed II v. IX p. 261.
? Le Ligar Adanson Coq. Sénégal p. 158 t. 10 fig. 6.

Gehäuse lang gethürmt, ziemlich festschalig, bräunlich weiss, rosa gefleckt, mit fahlbraunen Striemen, die Spiralreifen mitunter ziemlich ausgesprochen braun gegliedert. Achtzehn langsam zunehmende Windungen, die oberen kantig und mit zwei Kielen an der Peripherie, die folgenden convex, mit 7 starken gerundeten Spiralreifen, die breiter sind als die quergestreiften Zwischenräume; unter der Loupe erkennt man auf den Reifen auch noch feine Spirallinien. Die letzte Windung hat unter der Mitte eine scharfe Kante und ist dann abgeflacht, fein und gleichmässig gereift und einfarbig rosa. Mündung rundeiförmig, mit dünnem Mundrand, im Gaumen gefurcht, aussen breit aber flach ausgebuchtet.

Aufenthalt an Senegambien, das abgebildete Exemplar im Senckenbergischen Museum.

Die Beschreibung des Ligar bei Adanson stimmt erheblich besser mit der vorliegenden Art, als die Abbildung, die nur 6 Spiralreifen mit viel breiteren Zwischenräumen und auf den oberen Windungen nur 2—3 Reifen zeigt. Deshayes hat jedenfalls unsere Form vor sich gehabt und man könnte sie nach den geltenden Prioritätsgesetzen recht wohl Turitella ligar nennen.

---

*) Testa elongato-subulata, multispirata, transversim sulcata, albida, flammulis fusco-marmoratis distincta; sulcis inaequalibus; anfractibus convexis, albis vel violascentibus; apertura rotundata; labro lato, sinuoso.

**) Turr. testa acuminato-turrita, anfractibus 18, perpaucis primis bicostatis, caeteris rotundatis, septemcostatis, costis medianis latiusculis, caeteris utrinque gradatim angustioribus; fulvescente-alba, roseo-tincta, purpureo-fusco punctata et marmorata, basi rosea.

***) T. testa elongato-subulata, multispirata, transversim sulcata; sulcis inaequalibus; anfractibus convexis, albis vel violascentibus fusco marmoratis; apertura rotundata, labro late sinuoso.

59. Turritella (Haustator) columnaris Kiener.
Taf. 15. Fig. 1. 2.

Testa acutissime lanceolata, acuminato-turrita, solidula, spiraliter lirata, albida, pallide fulva oblique strigata. Anfractus ad 30 lentissime crescentes, superi angulati carinisque duabus approximatis ad peripheriam cincti, sequentes convexiusculi, supra et infra magis declives, liris tenuibus levissime granulosis ad 10 cingulati, ultimus vix major, infra peripheriam acute angulatus, dein excavatus et liris confertissimis subaequalibus sculptus. Apertura subrotundato-quadrangularis, labro tenui.

Long. 85 – 90 mm, diam. vix 15 mm.

Turritella columnaris Kiener*) Coq. viv. p. 10 t. 7 fig. 1.
— — Reeve**) Concholog. icon. sp. 14.
— — Tryon Manual VIII p. 200 t. 63 fig. 76.

Gehäuse selbst für eine Turritelle ungewöhnlich schlank und hoch gethürmt, ziemlich festschalig, fein spiral gereift, weisslich mit schiefen, meist ziemlich blassen braunrothen Striemen. Es sind gegen 30 Windungen vorhanden, die sehr langsam zunehmen; die oberen sind ausgesprochen kantig mit zwei scharfen, ziemlich dicht beisammenstehenden Kielen an der Peripherie, die folgenden flacher, aber immer noch etwas gewölbt und oben wie unten etwas stärker zu der tiefen Naht abfallend, mit 10 feinen, gleichmässigen, unter der Loupe fein gekörnelten Spiralreifen, die letzte kaum grösser, unter der Peripherie scharf kantig, an der Basis ausgehöhlt und nur mit gleichmässigen, dichten, feinen Spirallinien umzogen. Mündung abgerundet viereckig, der Mundrand dünn.

Aufenthalt an Ceylon (Reeve).

60. Turritella (Haustator) maculata Reeve.
Taf. 15. Fig. 3—7.

Testa acuminato-turrita, basi planata, solida, lutescenti-albida, purpureo-fusco infra suturam maculata, plerumque purpureo-fusco anguste et parum conspicue strigata et lineata.

*) T. testa turrita, elongata, acuminata, transversim striata, rosea, flammulis fulvis dispersa; anfractibus convexis, subcarinatis; striis granulosis, tenuissimis; apertura subrotunda. Hab. — ?

**) Turr. testa acutissime lanceolato-turrita, ad basin acute angulata, anfractus ad 30, primis bicarinatis, carinis approximatis, caeteris planulatis, decemliratis, liris obsolete granulatis, suturis excavatis; griseo-albida, strigis purpureo-spadiceis oblique undatis nebulata, basi purpurascente tincta.

Anfractus ad 18 superne excavati, spiraliter confertim sulcati, superi carina unica crassa exserta cincti, inferi liris duabus tumidis, supera mediana, altera inferiore cincti, interstitio excavato, inferi transversim obsolete et oblique rugulosi, rugulis ad liram superam subnodulosis; anfractus ultimus lira infera duplici cinctus, angulatus, basi planus lirisque 4 distinctis, quam interstitia angustioribus munitus, strigis radiantibus purpureo-fuscis ornatus. Apertura fere quadrangularis, labro tenui, ad liras crenato, extus et ad columellam angulato.

Alt. ad 70 Mm.

Turritella maculata Reeve*) Concholog. icon. sp. 33.
— — Tryon Manual VIII p. 202 t. 63 fig. 83.
— — Smith Proc. Zool. Soc. 1891 p. 417.

Gehäuse hoch gethürmt, an der Basis abgeflacht, festschalig, gelblich weiss mit einer Reihe purpurbrauner Flecken unter der Naht, häufig auch mit wenig auffallenden purpurbraunen Flecken und Linien. Es sind 18 oben ausgehöhlte und dicht spiral gestreifte Windungen vorhanden, die obersten mit einem starken, vorspringenden Mittelkiel, die unteren mit zwei starken gewölbten Spiralreifen, dem oberen an der Peripherie, dem unteren wenig über der Naht; der etwas breitere Zwischenraum ist ausgehöhlt. Die letzte Windung hat unter dem zweiten Reifen noch einen dritten eben so breiten, der hier dicht anliegt und eine ausgesprochene Kante bildet; die Basis ist flach, mit 4 gleichen, durch breitere Zwischenräume geschiedenen Rippen skulptirt und mit purpurbraunen, bis zum Spindel durchlaufenden Radiärlinien gezeichnet. Die Mündung ist fast quadratisch, Mundrand dünn, an den Reifen gekerbt, aussen und an der Basis deutliche Ecken bildend.

Aufenthalt im indochinesischen Ozean. — China (Belcher fide Reeve). — Aden (Smith). — Ich habe indess eine Serie völlig ununterscheidbarer Exemplare durch Maltzan, der sie selbst bei Gorée gesammelt, als Turritella trisulcata Lam. erhalten. — Von unseren Figuren sind 3, 4 und 5, 6 nach Originalen des Senckenbergischen Museums, Fig. 7 Kopie nach Reeve.

61. Turritella (Torcula) exoleta Linné.

Taf. 16. Fig. 2—5.

Testa acuminato-turrita, crassiuscula, ad basin obtuse angulata, sordide cereo-alba

*) Turr. testa acuminato-turrita, basi concava et nitide striata, anfractibus 18 spiraliter acute elevato-striatis, superne excavatis, deinde bicostatis, costis tumidiusculis, interstitio concavo, anfractibus primis parum costatis, albida, aut fulvescente, striis spiralibus purpureo-fusco tinctis, anfractibus infra suturas purpureo fusco maculatis et interdum lineatis, basi violacea.

vel carnea, cingulis albidis; anfractus 16—17 medio concave excavati, costis spiralibus 2 tumidis cingulati, costa supera majore, vestigiis incrementi obliquis interdum lamelliforme prominentibus et super costas graniferis, sutura profunda; anfractus ultimus ad angulum carina duplici, dein concaviusculus, laevis. Apertura subquadrangularis, peristomate tenui, margine externo medio angulato-sinuato, intus profunde sulcato; columella arcuata, leviter contorta, cum margine basali angulum acutum productum formans.

Long. 50 60 mm.

Turbo exoletus Linné Syst. nat. ed 12 p. 1239. — Bonnani Recr. 3 fig. 113.
— — Gmelin Syst. nat. ed 13 p. 3607.
— — Born Mus. Caes. Vindob. p. 357 t. 13 fig. 7.
Turritella exoleta Lamarck Anim. sans vert. ed Desh. IX p. 256.
— — Sowerby Genera, Turritella fig. 3.
— — Kiener Coq. viv. p. 37 t. 6 fig. 2.
— — Reeve Concholog. icon. sp. 22.
— — Tryon Manual VIII p. 205 t. 64 fig. 98. 99.
Turbo torcularis Born Mus. Caesar. Vindob. p. 358 t. 13 fig. 8.
— obsoletus Gmelin Syst. Nat. ed 13 p. 3612.
Turritella excavata Sowerby*) Proc. Zool. Soc. 1870 p. 252.

Gehäuse spitz thurmförmig, ziemlich dichtschalig, an der Basis stumpfkantig, schmutzig wachsfarben, mit weisslichen Gürteln, frische Exemplare mit rothbraunen Flammen und gegliederten Gürteln. 16—17 mitten ausgehöhlte Windungen mit zwei vorspringenden Spiralwülsten, einem breiteren oberen und einem schmäleren, aber höheren unteren; die stark gebogenen, in der Mitte ausgehöhlten Anwachslinien springen meistens bei gut erhaltenen Exemplaren in mehr oder minder regelmässigen Abständen lamellös vor und scheiden so die Aushöhlung in Fächer, während die Wülste gekörnelt erscheinen; doch kommen auch tadellos erhaltene Stücke ohne sie vor; auch einige Spirallinien sind bei guten Stücken meist vorhanden. Naht tief. Die letzte Windung hat an der Kante eine doppelte Wulst; die Basis ist leicht ausgehöhlt, Mündung fast viereckig; Mundrand dünn, aussen mit vorspringender Ecke, darüber ausgebuchtet, innen mit tiefer Furche; die Spindel ist gedreht, vorgezogen, und bildet mit dem Basalrand einen vorspringenden, spitzen Winkel.

---

*) T. attenuata, acuminata, tenuiuscula, sublaevigata, albida, medio anfractuum castaneo spiraliter fasciata; anfractibus subelongatis, medio excavatis, supra prope suturam angustatis, tumidis, infra latis, inflatis, rotundatis; apertura subpyriformi, labro profundissime et late supra medium emarginato.

Aufenthalt in Westindien; nach Kiener auch an der östlichen Seite des atlantischen Oceans.

Dass Turbo torcularis Born hierher gehört, kann keinen Zweifel unterliegen. Tryon zieht auch die auf einem Unicum der Cuming'schen Sammlung beruhende T. cochlea hierher, ohne einen weiteren Beweis dafür beizubringen, sowie T. excavata Sow. von der südafrikanischen Agulhas-Bank; dieser Fundort wäre allerdings etwas auffallend.

62. Turritella (s. str.) bacillum Kiener.

Taf. 17. Fig. 1.

Testa elongato-turrita, regulariter conica, acuminata, griseo-fulva liris saturatioribus. Anfractus 20 convexiusculi, medio depressiusculi, sutura profunda discreti, costulis 5—6 subirregularibus vix prominulis, medianis majoribus, cincti, interstitiis subtilissime reticulatis; ultimus ad basin subangulatus, basi planior, callo tenuissimo indutus. Apertura ovato-rotundata, labro simplici, columella arcuata, callosa.

Long. ad 100 mm.

Turritella bacillum Kiener*) Coq. vivants p. 5 t. 4 fig. 1.
— — Reeve**) Concholog. icon. sp. 7.
— — Tryon Manual VII p. 196 t. 59 fig. 34.
— — Krauss Südafr. Moll. p. 106.

Gehäuse lang gethürmt, regelmässig konisch, spitz, graubraun mit dunkleren Spirallinien. Es sind 18—20 gewölbte, auf der Mitte leicht abgeflachte Windungen vorhanden, welche durch eine tiefe eingezogene Naht geschieden werden; sie sind mit 5—6 nicht ganz regelmässig vertheilten, erhabenen, dunkler gefärbten Spiralreifen umzogen, von denen die drei mittleren gewöhnlich etwas stärker sind; die Zwischenräume sind durch feine Anwachslinien und Spirallinien fein gegittert; der letzte ist unten schwach kantig, an der Basis flacher, mit einem ganz dünnen ausgebreiteten Callus überdeckt; Mündung rundeiförmig, Mundrand einfach, dicker als bei T. terebra, die Spindel schwielig, gebogen.

Aufenthalt an China. Nach Krauss auch am Cap.

---

*) T. testa elongato-turrita, striis reticulata, griseo-fulva; spira acuminata; anfractibus convexiusculis, medio depressis, transversim costatis; suturis profundis; apertura ovata.

**) Turr. testa elongato-acuminata, anfractibus 18—20, convexis, superne subplanulatis, spiraliter quinque-vel sexcarinatis, carinis angustis, subirregulariter distantibus, aperturam versus fere evanidis; livido-fulvescente, carinis saturatioribus.

Tryon ist nicht abgeneigt, diese Art mit T. terebra zu vereinigen, doch verbietet das schon die ganz andere Textur der Schale. Aus demselben Grund kann ich ihm in der Vereinigung von Tr. cerea mit bacillum nicht folgen, würde vielmehr lieber auch cerea zu terebra ziehen, wenn einmal vereinigt werden soll.

63. Turritella (Haustator) sanguinea Reeve.

Taf. 17. Fig. 2.

Testa subelongato-turrita, anfractibus 18—20 convexis, spiraliter impresso-sulcatis, sulcis irregularibus, liris intermediis planiusculis; fulvo-albicante, liris maculis sanguineis transversis. oblongo-quadratis, profuse pictis. — Reeve.

Long. (ex icone) 86 mm.

Turritella sanguinea Reeve Conchol. icon. sp. 27.

— — Tryon Manual VIII p. 199 t. 62 fig. 69.

Gehäuse ziemlich hoch gethürmt, aus 18—20 convexen Windungen bestehend, die mit flachen, durch Spiralfurchen geschiedenen Reifen umzogen sind; die Grundfarbe ist bräunlich weiss, auf den Reifen stehen quergerichtete länglich viereckige blutrothe Flecken.

Aufenthalt an Californien. Abbildung und Beschreibung nach Reeve.

64. Turritella (Haustator) cumingii Reeve.

Taf. 17. Fig. 3.

Testa sublanceolato-pyramidalis, crassiuscula, anfractibus ad viginti, plano-declivibus, inferne tumidis et obtuse angulatis, spiraliter quinqueliratis, liris angustis, acutiusculis, regularibus; fuscescente-alba, strigis maculisque purpureo-fuscis undique oblique nebulata. — Reeve.

Long. (ex icone) 70 mm.

Turritella Cumingii Reeve Concholog. icon. sp. 27.

Gehäuse sehr schlank pyramidal, ziemlich dickschalig, ziemlich skalar gewunden; es sind 20 obenher abgeflachte, unten aufgetriebene und nach der Naht steil abfallende Windungen, mit fünf schmalen, scharfen, regelmässig vertheilten Spiralreifen; bräunlich weiss mit verwaschenen purpurbraunen Striemen.

Aufenthalt bei Panama und Conchagua. Abbildung und Beschreibung nach Reeve. — Nach Tryon nur Varietät von T. tigrina, was richtig sein kann.

65. Turritella (Haustator) radula Kiener.

Taf. 17. Fig. 4. 5.

Testa turriculata, fere subulata, flavescens vel violascente-albida, flammulis strigisque rufo-fuscis ornata. Anfractus 22—24 plani, spiraliter striati et lirati, liris duabus superis et inferis, interstitio latiusculo separatis, superis tribus graniferis, anfractus ultimus lamellis incrementi prominulis insignis. Apertura subquadrangularis, labro externo sinuato.

Long. 80 mm.

Turritella radula Kiener*) Coq. vivants p. 15 t. 2 fig. 1.
— — Reeve**) Conchol. icon. sp. 30.
— — Tryon Manual VIII p. 201 t. 63 fig. 77.

Gehäuse sehr schlank gethürmt, fast striemenförmig, gelblich oder violettweiss mit rothbraunen Flammen und Striemen. Es sind 22—24 flache Windungen vorhanden, spiral gestreift und oben und unten mit je 2 dicht zusammenliegenden Spiralreifen umzogen, die durch einen ziemlich breiten, aber nicht tief ausgehöhlten Zwischenraum geschieden werden; die beiden oberen und der obere des unteren Paares sind undeutlich gekörnelt, auf der letzten Windung springen die Anwachsstreifen lamellenartig vor. Die Mündung ist fast viereckig, die Aussenlippe dünn, ausgebuchtet.

Aufenthalt an der Westküste von Zentralamerika; Guayaquil. — Steht der T. exoleta nahe, hat aber doppelte gekörnelte Reifen und ist dazwischen weniger tief ausgehöhlt. Fig. 1 Kopie nach Kiener, Fig. 2 nach Reeve.

---

*) T. testa elongato-turrita, subflava, flammulis rubris longitudinalibus undatis ornata; apice acuminata; anfractibus planis, transversim striato-granulosis; apertura subquadrangulari; labro dextro sinuato.

**) Turr. testa lanceolato-acuminata, gracili, anfractibus ad 22, supra infraque biliratis, medio concavis, liris, nisi infima, granoso-crenatis, anfractu ultimo lamellis septiformibus interdum imbricato, granulis subobsoletis; violascente-albida, rufo-fuscescente flammulata et variegata.

66. Turritella (Haustator) infraconstricta Smith.

Taf. 17. Fig. 6.

Testa subulata, subturrita, fuscescenti-albida, maculis minutis pernumerosis rufofuscis ornata Anfractus circiter 20 convexiusculi, ad suturam declivi-constricti, spiraliter subtiliter lirati, liris 2 majoribus fuscoarticulatis, anfractus ultimus basi excavatus, subtiliter liratus, immaculatus, lira majore basin cingente. Apertura irregulariter oblique quadrata, concolor, infra labro lato tenui rosaceo induta; columella leviter obliqua, parum arcuata. — Smith angl.

Long. 50, diam. 12 Mm.

Turritella infraconstricta Edg. A. Smith Proc. Zool. Soc. 1878 p. 817 t. 50 fig. 20.

— — Tryon Manual VIII p. 203 t. 63 fig. 89.

Gehäuse fast pfriemenförmig, leicht gethürmt, bräunlichweiss mit sehr zahlreichen braunrothen Fleckchen. Etwa 20 Windungen, leicht gewölbt, nach der Naht abfallend und eingeschnürt, fein spiral gereift, meistens mit zwei stärkeren Kanten, der oberen ungefähr in der Mitte der Windung, der unteren etwas darunter an der Stelle der stärksten Wölbung; letzte Windung an der Basis ausgehöhlt, fein gereift, einfarbig, mitunter blass rosa, die Basis durch einen scharfen Reif umschrieben. Mündung unregelmässig schief quadratisch, ebenso gefärbt wie das Aeussere, aber an der abgeflachten Basis mit einem blass rosa gefärbten Schmelzbelag; Spindel etwas schief und leicht gebogen.

Aufenthalt an den Andamanen. Abbildung und Beschreibung nach Smith.

67. Turritella turbona Monterosato.

Taf. 17. Fig. 7.

Ich gebe hier eine Kopie der Monterosato'schen Figur. Bucquoy (Moll. Roussillon t. 28 fig. 3) bildet übrigens ein ebenso grosses Exemplar von Turr. triplicata mit normaler Skulptur ab. Die Mündung ist an der Figur entschieden verzeichnet.

68. Turritella (Torcula) caelata Mörch.

Taf. 18. Fig. 1. 2.

Testa valde crassa, conico-turrita, colore badio, apicem versus pallidiore tincta; apex ipse paene albus; anfractus circiter 15 planiusculi, sutura distincta sejuncti, inferne angulati, subimbricati, transversimque rugoso-costati, costae validiores duae rugoso-nodosae, costae angustiores ad suturam papilliferae; anfractus ultimus obtuse angulatus, inferne planus, liris obsoletis 4 bi-vel tripartitis, exaratus; striae incrementi retroflexae, confertae; interstitia impresso-punctata; apertura obliqua subquadrata. — Dkr.

Long. ca. 90, diam. 30, apert. 14 mm.

Turritella (Torcula) caelata Mörch mss. in Dunker Novitates p. 102 t. 34 fig. 1. 2.

Gehäuse sehr dickschalig, gethürmt kegelförmig, bräunlich, nach oben heller, der Apex fast weiss; etwa 15 ziemlich flache, durch eine deutliche Naht geschiedene Windungen, unten kantig, dachförmig über einander vorspringend, spiral gerippt, die beiden unteren Rippen deutlich knotig und runzelig, darüber vier schwächere, die Naht mit papillenartigen Fältchen; letzte Windung unten stumpf kantig, an der Basis flach, rauh und fein gestrichelt, mit 4 undeutlichen 2—3 theiligen Reifen; Anwachsstreifen dicht, nach hinten gerichtet; Zwischenräume mit eingedrückten Punkten; Mündung schief, fast quadratisch, das Innere weiss, die Spindel bräunlich.

Aufenthalt im Meerbusen von Guinea? Abbildung und Beschreibung nach Dunker. — Fehlt bei Tryon.

69. Turritella dura Mörch.

Taf. 18. Fig. 3. 4.

Testa dura gracilis pallide cinereoque fusca, apicem versus obscurior, fascia lata mediana fusca flammisque longitudinalibus obsoletis variegata; anfractus 20 subplani, inferne carinati, sutura profunda divisi, costis nonnullis acutis inaequalibus lineisque interpositis cincti; basis multilirata. — Dkr.

Long. 82, diam. 18 Mm.

Turritella dura Mörch Malacozool. Bl. VII. 1860 p. 78.
— — Dunker Novitates p. 103 t. 34 fig. 3. 4.
— — Tryon Manual VIII p. 209.

Gehäuse schlank, blass bläulich braungrau, nach der Spitze hin dunkler, mit einer breiten bräunlichen Mittelbinde und undeutlichen Flammenstriemen, manchmal die Spirallinien mit orangebraunen Flecken. Etwa 20 unten gekielte Windungen, durch eine tiefe Naht geschieden, mit einigen ungleichen Spiralkielen und zahlreichen Zwischenlinien, die Basis mit zahlreichen Reifen.

Aufenthalt bei Real Llejos an der Westküste von Zentralamerika. Abbildung und Beschreibung nach Dunker.

70. Turritella (Torcula) acuta Ten. Woods.

Taf. 18. Fig. 5.

Testa mediocris, elongato-turrita, lutescenti-alba, castaneo obsolete strigata et maculata. Anfractus 12 lentissime crescentes, supremi laeves, sequentes bicarinati, inferi liris minoribus spiralibus quoque cincti, inter carinas excavati; anfractus ultimus carinis tribus, ad tertiam angulatus. Apertura ovato-quadrangularis, labro extus acute angulato.

Long. 28 Mm.

Turritella acuta Tenison-Woods Proc. Roy. Soc. Tasmania 1875 p. 143.

— — Tryon Manual VIII p. 206 t. 64 fig. 10.

Gehäuse ziemlich klein, hoch gethürmt, gelblichweiss mit wenig auffallender kastanienbrauner Zeichnung; 12 sehr langsam zunehmende Windungen, die obersten glatt, die folgenden in der Mitte mit zwei Kielen umzogen, dazwischen ausgehöhlt, die unteren auch mit schwächeren Spiralreifen, die letzte mit einem dritten Kiel an der Kante. Mündung viereckig eiförmig; Mundrand aussen mit einer scharfen Ecke.

Aufenthalt an Tasmanien; Abbildung und Beschreibung nach Tryon.

71. Turritella (Haustator) alba H. Adams.

Taf. 18. Fig. 6.

Testa turrita tenuis, albida; anfractus 12 medio carinati, ultimus bicarinatus, interstitio carinarum plano vel concaviusculo; undique spiraliter striata.

Long. 14 Mm.

Turritella alba H. Adams Proc. Zool. Soc. London 1872 p. 9 t. 3 fig. 3.

— — Tryon Manual VIII p. 205 t. 64 fig. 4.

Gehäuse gethürmt, dünnschalig, einfarbig weisslich; zwölf gekielte Windungen, die letzte mit zwei Kielen, die durch einen flachen oder leicht concaven Zwischenraum geschieden werden. Oberfläche überall fein spiral gestreift.

Aufenthalt im Rothen Meer. — Allem Anschein nach auf ein unausgewachsenes Exemplar gegründet.

72. Turritella (s. str.) fusco-cincta Petit.

Taf. 18. Fig. 7.

Testa elongato-subulata, nitidula, spiraliter costata, costis inaequalibus subrugosis; anfractibus 12—13 subplanulatis, rufescente-albis, superne ad suturam zona nigro-fusca, inferne zona pallidiore cinctis; apertura subquadrangulari; columella rufa; labro tenui, acuto.

Long. 16 Mm.

Turritella fusco-cincta Petit Journal de Conchyliologie IV. 1853 p. 368 t. 11 fig. 3.

Gehäuse schlank, lang pfriemenförmig, ziemlich glänzend, spiral gereift, mit feinen, ungleichen, schwach gekörnelten Reifchen; 12—13 leicht abgeflachte Windungen, röthlichweiss mit einer schwarzbraunen Zone unter und einer helleren über der Naht; Mündung fast viereckig; Spindel röthlich, Mundrand dünn, scharf.

Aufenthalt an Java? Abbildung und Beschreibung nach Petit. — Wohl kaum von T. fragilis Kiener verschieden, obwohl die Dimensionen und die Art der Aufwindung nicht stimmen; Tryon vereinigt sie glatt mit fragilis und zieht beide als Varietät zu cingulifera.

73. Turritella (s. str.) parva Angas.

Taf. 18. Fig. 8.

Testa anguste acuminato-turrita, pallidissime fusca, ad suturas indistincte castaneo fasciata, spiraliter subtilissime lirata, liris tribus cariniformibus, anfractus 11 convexiusculi; sutura impressa; apertura subquadrata, labro simplice; columella supra leviter arcuata, ad basin leviter incrassata et producta. — Angas angl.

Long. 11, diam. 2,5 Mm.

Torcula parva Angas Proc. Zool. Soc. London 1877 p. 174 t. 26 fig. 17.

Gehäuse schlank und spitz gethürmt, ganz hell bräunlich mit einer wenig auffallenden kastanienbraunen Nahtbinde, sehr fein spiral gereift, jede Windung mit drei stärkeren Kielen. Es sind elf leicht gewölbte Windungen mit eingedrückter Naht vorhanden. Die Mündung ist fast viereckig, der Mundrand einfach, die Spindel leicht gebogen, unten verdickt und vorgezogen.

Aufenthalt bei Port Jackson. Abbildung und Beschreibung nach Angas. — Tryon vereinigt die Art glatt mit Turr. cingulifera Sow.

74. Turritella cordismei Watson.

Taf. 19. Fig. 1.

Testa elongato-conica, pergracilis, lutescenti-fusca, maculis rufis et albis praesertim in parte supera anfractuum ornata. Anfractus 11 convexiusculi, supra et infra coarctati, spiraliter lirati liris cca. 6 in anfractu, ultimus angulatus, lira duplici ad angulum cinctus, basi leviter convexus liris cca. 7 confertioribus. Apertura angulato-ovata; labrum tenue, sinuatum (specim. nondum adultum).

Long. 11 Mm.

Turritella Cordismei Watson Journ. Linn. Soc. Zool. vol. XV. p. 224.

— — Watson Challenger Gastropod. p. 469 t. 29 fig. 1.

Gehäuse (unausgewachsen) schlank kegelförmig, gelblichbraun, auf der Oberseite der Windungen mit feinen rothen und weissen Fleckchen; Apex glasartig, mit $1^1/_2$ Windungen. Es sind 12 schwach gewölbte, aber oben und unten eingeschnürte Windungen vorhanden; sie erscheinen ziemlich glatt, haben aber ausser dichten mikroskopischen Spirallinien 5—6 flache Spiralreifen, der letzte noch einen doppelten Reif an der Kante und 6—7 feinere Reifchen an der schwach gewölbten Basis; die feinen Anwachslinien sind stark gebogen. Die Mündung ist eckig eiförmig, der Aussenrand dünn mit tiefer Bucht.

Aufenthalt in der Bass-Strasse; Abbildung und Beschreibung nach Watson.

75. Turritella austrina Watson.

Taf. 19. Fig. 2.

Testa elongato-conica, epidermide distincta lutescente induta, porcellaneo-alba; spira elata apice acuto. Anfractus 12 rotundati, leviter bicarinati, infra carinam inferam con-

tracti, ultimus rotundatus, tri-vel quadricarinatus, basi convexus. Apertura sat parva, rotundata, labro infra leviter protracto, extus vix angulato.

Long. 20 mm.

Turritella austrina Watson Journ. Linn. Soc. Zool. vol. XV p. 224
— Challenger Gastropoda p. 470 t. 29 fig. 2.

Gehäuse lang kegelförmig mit gerundeter Basis, porzellanweiss mit einer sehr deutlichen, aber hinfälligen gelblichen Epidermis. Zwölf Windungen, die oberen deutlich kantig, die folgenden mehr gerundet, mit zwei deutlichen Kielen, die etwas unter der Mitte stehen, die letzte mit 3—4, aber nicht kantig, die Basis gewölbt. Die Naht ist fein, aber tief eingeschnürt. Mündung relativ klein, gerundet; Aussenrand unten leicht vorgezogen, aussen kaum eine Ecke bildend. Deckel klein, dunkelbraun, mit sehr zahlreichen Windungen.

Aufenthalt im stillen Ozean, Prinz Eduards-Insel und Kerguelen. Abbildung und Beschreibung nach Watson.

76. Turritella deliciosa Watson.

Taf. 19. Fig. 3.

Testa conica, porcellaneo-alba, basi rotundata; spira elongato-conica apice tumidulo. Anfractus 12 lentissime crescentes, bicarinati, lirulis minoribus nonnullis cincti, ultimus ad basin lirulis circiter 9, internis minoribus. Apertura parva, triangularis, angulo fere recto inter basin et columellam; labro leviter sinuato.

Long. 8¾ mm.

Turritella deliciosa Watson Journ. Linn. Soc. Zool. XV p. 226.
— Watson Challenger Gastropoda p. 471 t. 29 fig. 3.

Gehäuse lang kegelförmig mit gerundeter Basis, porzellanweiss; Gewinde lang kegelig mit etwas aufgetriebenem Apex. Zwölf sehr langsam zunehmende Windungen, die oberen mit zwei stärkeren Kielen und einigen schwächeren Spiralreifen, die letzte an der Basis mit etwa 9 Reifchen, die nach innen an Stärke abnehmen; es ist meist ein deutlicher Nabelritz vorhanden. Mündung klein, ein rechtwinkliges Dreieck bildend, der rechte Winkel liegt am Ende der Spindel; der Mundrand ist leicht gebuchtet.

Aufenthalt am Kap York, Nordaustralien.

77. Turritella admirabilis Watson.

Taf. 19. Fig. 4.

Testa elongato-conica, basi angulato-carinata, porcellaneo-alba, super liras irregulariter rufo-fusco maculata, maculis strigas efformantibus; spira angusta, subscalaris. Anfractus 16—17, supremi angulati, sequentes supra subtabulati, dein planiusculi, infra leviter contracti, liris duabus spiralibus tertiaque majore suprasuturali sculpti, interstitiis subtilissime striatis; ultimus rectangulatim angulatus, basi subconvexus, subtilissime liratus, striis incrementi distinctioribus; interstitia sub vitro costellis longitudinalibus decussata. Apertura angulato-rotundata, labro late sinuato.

Long. 38 mm.

Turritella admirabilis Watson Journ. Linn. Soc. London Zool. vol. XV p. 227. — Challenger Gastropod. p. 472 t. 29 fig. 5.

Gehäuse lang kegelförmig, unten rechtwinklig kantig, porzellanweiss mit schwachen braunrothen Striemen, die besonders auf den Spiralreifen hervortreten. Gewinde schlank, leicht skalar. Von den 16—17 Windungen sind die obersten kantig, die folgenden haben zwei deutliche Spiralreifen und einen stärkeren über der Naht; sie sind ausserdem fein und dicht gestreift und unter der Loupe durch senkrechte Rippchen in den Zwischenräumen gegittert. Die letzte Windung ist fast rechtwinklig kantig, an der Basis leicht ausgehöhlt, ganz fein gestreift, die Anwachsstreifen etwas stärker hervortretend. Mündung abgerundet eckig, Aussenrand mit flachem, breitem Sinus.

Aufenthalt an den Admiralitäts-Inseln; Abbildung und Beschreibung nach Watson.

78. Turritella lamellosa Watson.

Taf. 19. Fig. 5.

Testa pergracilis, exacte conica, basi angulata, tenuis, translucida, pallidissime lutescenti-alba, obsoletissime fusco strigata. Spira gracillima, apice vitraceo, acuto. Anfractus 16 plani, supremi vix levissime angulati, subtilissime irregulariterque spiraliter lirati, vestigiis incrementi lamellose prominulis, interstitiis sub vitro fortiore subtilissime decussatis; ultimus obtuse angulatus, basi convexiusculus. Apertura parva, quadrangularis; labrum profunde sinuatum.

Long. 33 mm.

Turritella lamellosa Watson Journ. Linn. Soc. Lond. Zool. vol. XV p. 229. — Challenger Gastropoda p. 474 t. 29 fig. 6.

Gehäuse sehr schlank, fast Terebra artig, regelmässig konisch mit flachen Seiten, unten kantig, dünnschalig, durchscheinend, ganz blass gelblich weiss mit braunen Striemen, die besonders auf den Reifen deutlich sind. Gewinde sehr schlank, Apex glasig, spitz. Sechzehn flache Windungen, die obersten nur ganz undeutlich kantig, die unteren flach, alle fein und etwas unregelmässig spiral gestreift und mit lamellös vorspringenden Anwachsstreifen besetzt, die Zwischenräume unter einer starken Loupe noch einmal fein decussiert. Die letzte Windung ist stumpf kantig, an der Basis leicht gewölbt.

Aufenthalt in der Bass-Strasse. Abbildung und Beschreibung nach Watson.

79. Turritella runcinata Watson.

Taf. 19. Fig. 6.

Testa latiuscule conica, basi rotundata, tenuiuscula, translucida, lutescens, fusco et albo maculata. Spira exacte conica apice lutescente. Anfractus 15 planiusculi, carinis duabus rotundatis interstitio excavato separatis, interdum tertia minore intercedente cincti, inferi undique irregulariter spiraliter lirati, ultimus obtuse angulatus, basi planiusculus; sutura distincta. Apertura subquadrangularis; labrum profunde sinuatum, cum columella angulum distinctum formans.

Long. 31 mm.

Turritella runcinata Watson Journ. Linn. Soc. London Zool. vol. XV p. 218. — Challenger Gastropod. p. 475 t. 50 fig. 3.

Gehäuse verhältnissmässig breit konisch, unten abgerundet kantig, ziemlich dünnschalig, gelblich mit brauner und weisser Zeichnung. Gewinde genau konisch, Apex spitz, gelb. Die 15 flachen Windungen sind von zwei breiten, abgerundeten, wenig vorspringenden Kielen umzogen; dieselben werden durch einen ausgehöhlten Zwischenraum getrennt, in dem ein dritter, schwächerer Reif verläuft; die oberen sind ausserdem glatt, die unteren dicht und etwas unregelmässig spiral gestreift; der letzte ist unten stumpfkantig, an der Basis ziemlich abgeflacht. Naht fein aber deutlich. Mündung fast viereckig, etwas höher als breit; Mundrand tief und ziemlich schmal ausgebuchtet, mit der Spindel einen deutlichen Winkel bildend.

Aufenthalt in der Bass-Strasse. Abbildung und Beschreibung nach Watson.

80. Turritella accisa Watson.

Taf. 19. Fig. 7.

Testa subulata, tenuiuscula, fuscescens, maculis saturatioribus diffusis; spira exacte conica, apice acutissimo. Anfractus 15—16 plani, supra et infra coarctati, bicarinati, carinis rotundatis, infera majore, interstitiis spiraliter striatis et liratis; ultimus basi angulatus, planiusculus. Sutura profunda. Apertura rotundata, labro inter carinas profunde sinuato.

Long. 30 mm.

Turritella accisa Watson Journ. Linn. Soc. Lond. Zool. vol. XV p. 220. — Challenger Gastropoda p. 476 t. 30 fig. 4.

Gehäuse sehr schlank, fast pfriemenförmig, dünnschalig, bräunlich mit undeutlichen dunkleren Flecken. Gewinde regelmässig konisch; Apex sehr spitz. Die 15—16 Windungen sind flach, oben und unten eingeschnürt, mit zwei gerundeten Kielen, von denen der untere stärker ist; die Zwischenräume sind dicht spiral gefurcht und gereift; letzte Windung unten stumpf kantig mit flacher Basis. Naht tief. Mündung rundlich, der Aussenrand zwischen den Kielen mit einer tiefen, V-förmigen Bucht.

Aufenthalt in der Bass-Strasse. Abbildung und Beschreibung nach Watson.

81. Turritella carlottae Watson.

Taf. 19. Fig. 8.

Testa anguste conica, tenuis, translucida, lutescenti-cinerea liris fuscescentibus. Spira exacte conica, apice parvo, ovato. Anfractus 15 vix convexiusculi, spiraliter lirati et sulcati, liris 2 majoribus duabusque minoribus magis prominentibus; ultimus infra acute angulatus, basi planiuscula. Apertura rotundato-angulata, labro tenui, sinuoso.

Long. 24 mm.

Turritella carlottae Watson Journ. Linn. Soc. London Zool. vol. XV p. 222. — Challenger Gastropoda p. 478 t. 30 fig. 5.

Gehäuse schlank konisch, dünnschalig, durchsichtig, gelblich grau mit braunen Streifen, die Windungen auch obenher etwas bräunlich überlaufen. Gewinde ganz genau konisch; Apex klein und spitz. Die 15 Windungen sind kaum leicht gewölbt; sie sind dicht spiral gereift und gefurcht; zwei stärkere und zwei schwächere Reifen springen vor; die letzte Windung ist scharf kantig, die Basis flach. Mündung abgerundet viereckig; Mundrand dünn, ausgebuchtet.

Aufenthalt in der Bass-Strasse und an Neuseeland. Abbildung und Beschreibung nach Watson.

82. Turritella philippensis Watson.

Taf. 19. Fig. 9.

Testa elongate et anguste conica, basi angulata, fuscescens strigis saturatioribus, apice et anfractibus superis albis. Spira exacte conica, apice subite attenuato. Anfractus 11 (spec. imperf.), plani, parum distincte spiraliter lirati, ultimus basi angulatus. Apertura?

Long. 15 mm.

Turritella philippensis Watson Jorn. Linn. Soc. London Zool. vol. XV p. 223. — Challenger Gastropod. p. 479 t. 50 fig. 6.

Gehäuse lang und schlank kegelförmig, unten kantig, bräunlich mit wenig auffallenden dunkleren Striemen, der Apex und die Mitte der oberen Windungen weisslich. Gewinde genau konisch mit plötzlich verschmälertem, spitzem Apex. Nur ein unausgewachsenes Stück mit 11 Windungen ist bekannt; die Windungen sind flach und nur schwach spiral gereift. Mündung noch unausgebildet.

Aufenthalt bei Port Philipp in Südaustralien. Abbildung und Beschreibung nach Watson.

83. Turritella fultoni Melvill.

Taf. 20. Fig. 2.

Testa attenuata, pergracilis, apice aciculato, pallide albo-ochracea, anfractibus 16—19 ad suturas impressis, ventricosis, supernis tricarnatis, 4—5 inferis et penultimo spiraliter quadricarinatis, ultimo carinis 8—9 instructo; praeter has, carinula minore inter primam et secundam carinam interveniente, inter 2 et 3, 3 et 4 liris elevatis accingendis. Apertura rotunda, labro simplice, basi liratula. — Melvill.

Long. 27, diam. 8 mm.

Turritella Fultoni Melvill Memoirs Manchester Liter. Society vol. 41 Nr. 7 p. 14 t. 6 fig. 12.

Gehäuse sehr schmal und schlank, mit pfriemenförmigem Apex, ganz hell weisslich braun, aus 16—19 bauchigen, an der Naht eingedrückten Windungen bestehend; die obersten haben drei, die unteren bis einschliesslich der vorletzten vier Kiele, der letzte 8—9; zwischen die oberen Hauptkiele schiebt sich je ein schwächerer Spiralreif. Die Basis ist gerundet und ebenfalls fein gereift. Mündung rundlich, Mnndrand einfach, dünn.

Aufenthalt im persischen Meerbusen; Abbildung und Beschreibung nach Melvill.

84. Turritella (Haustator) leptomita Melv. et Sykes.

Taf. 20. Fig. 3.

Testa pergracilis, attenuata, pallide cinerea, anfractibus 14, apud suturas multum constrictis, tricarinatis, una carina apud medium, duabus inter se proximis juxta supra suturas, anfractu ultimo quadricarinato undique arctissime et tenuissime obliquiliratis, liris delicatissimis fimbriatis, carinis anfractus ultimi contiguis, apud basin brunneo-ochraceo suffuso spiraliter delicate lirato, interstitiis arcte clathratulis, fimbriatis; apertura rotunda, labro simplice.

Long. 21,5, diam. 5,5 mm.

Turritella leptomita Melvill et Sykes Proc. Mal. Soc. London II. 1897 p. 171 t. 13 fig. 12, 12a.

Gehäuse sehr schlank, verschmälert, hellgrau, aus 14 an den Nähten stark eingeschnürten Windungen bestehend, jede mit drei Kielen, dem einen in der Mitte, den beiden anderen dicht beisammen über der Naht, der letzte noch mit einem vierten Kiel, alle mit dichten, feinen, schiefen Rippenstreifchen, die Basis gelbbraun, fein spiral gereift, die Zwischenräume dicht gegittert und gewimpert. Mündung rundlich, Mundrand einfach.

Aufenthalt an den Andamanen; Abbildung und Beschreibung nach Melvill et Sykes.

85. Turritella (s. str.) capensis Krauss.

Taf. 20. Fig. 4. 5.

Testa turrita, acuminata, solidiuscula, fuscescens, albido-nebulosa; anfractibus 15 rotundatis, costellis obtusis, irregularibus cinctis, ultimo basi convexo; suturis profundis.

Apertura rotundata, basi angulata, intus pallide fuscescens; columella laevi; labro tenui, acuto, sinuoso. — Krauss.

Long. 30, diam. 8 Mm.

Turritella capensis Krauss Südafr. Mollusken p. 106 t. 6 fig. 6.

— — Tryon Manual VIII p. 197 t. 60 fig. 47.

Gehäuse gethürmt, spitz, ziemlich festschalig, bräunlich mit weisslichen wolkigen Striemen; 15 gewölbte Umgänge, jeder mit 6—8 unregelmässigen, stumpfen, zuweilen etwas verflachten Querrippchen; das unterste des letzten Umganges ist am deutlichsten, ohne jedoch mit dem untern gewölbten Theil des Umgangs einen Winkel zu bilden. Die Anwachsstreifen sind deutlich und concav. Naht tief. Die Mündung ist oben gerundet, an der Basis etwas eckig. Die Aussenlippe ist oben concav und bildet an der Vereinigungsstelle mit der ebenfalls an der Basis stark ausgebuchteten Spindel einen stumpfen Winkel.

Aufenthalt am Kap der guten Hoffnung. — Abbildung und Beschreibung nach Krauss.

86. Turritella (Haustator) knysnaënsis Krauss.

Taf. 20. Fig. 6. 7.

Testa turrita, acuminata, tenuis, fusca, flammulis albidis marmorata; anfractibus 17 convexis, striis inaequalibus medioque costis duabus obtusis cinctis, ultimo tricostata, angulato, basi subplano; suturis profundis. Apertura subtrigona, intus fusca; columella laevis; labrum tenue, acutum, sinuosum. — Krauss.

Long. 27, diam. 7,5 Mm.

Turritella knysnaënsis Krauss Südafrik. Mollusken p. 106 t. 6 fig. 9.

— — Tryon Manual VIII p. 203 t. 63 fig. 84.

Gehäuse gethürmt, spitz, relativ dünnschalig, braun mit weisslichen Flammen; die 17 Umgänge sind gewölbt, unregelmässig spiral gestreift und tragen in der Mitte zwei stumpfe, aber deutliche Spiralreifen, auf dem letzten noch eine dritte, an welcher die Wölbung einen beinahe rechten Winkel mit der fast flachen Basis bildet. Die Naht ist tief. Die Mündung ist beinahe dreieckig, innen braun; die Spindel ist glatt, der Mundrand dünn, scharf, buchtig.

Aufenthalt an der Mündung des Knysna am Cap. Abbildung und Beschreibung nach Krauss l. c.

87. Turritella (Haustator) yucatecana Dall.

Taf. 20. Fig. 1.

Testa parva, tenuis, acuta, opaco-alba, fusco-ferrugineo maculata; anfractus circiter 12, apicales minuti, albi, laeves, rotundati, sutura profunda, sequentes spiraliter costati, costis inaequalibus, tribus aequidistantibus majoribus; interstitiis striis incrementi subdecussatis; anfractus ultimus basi planatus. Apertura rotundata, labro parum arcuato; columella concaviuscula.

Long. 16,5, diam. 5 mm.

Turritella yucatecana Dall Bull. Mus. Cambridge IX 1881 p. 93.
— — Dall Rep. Blake II p. 263 t. 26 fig. 3.

Gehäuse klein, dünnschalig, schlank kegelförmig, undurchsichtig weiss, mit rostbraunen Makeln. Von den ca. 12 Windungen sind die apikalen klein, weiss, glatt, gerundet, durch eine tiefe Naht geschieden, die folgenden spiral gerippt, die Rippen ungleich, drei davon in gleichen Abständen befindliche stärker vortretend, die Zwischenräume durch die Anwachsstreifen fein decussiert; die letzte Windung ist an der Basis abgeflacht. Mündung gerundet, Aussenrand mässig gewölbt, Spindelrand concav.

Aufenthalt im Tiefwasser der Yukatanstrasse, bei 670 Faden Tiefe; Abbildung und Beschreibung nach Dall.

88. Turritella (Haustator) decipiens Monterosato.

Taf. 20. Fig. 8. 9.

Testa elongato-conica, unicolor fusca, anfractibus numerosis plano-convexis, superis carinatis, spiraliter tenuiter striatis, obsolete carinata lira majore suprasuturali; anfractus ultimus ad peripheriam acute angulatus, infra carinam sulco majore, dein striatus basi excavatus. Apertura subquadrata; columella obliqua, labro tenui, extus angulato.

Long. 18—20 mm.

Turritella subangulata auctor. nec Bivona.
— decipiens Monterosato Enum. et Sinonim. p. 28.
— — Locard Catal. genéral p. 195.
— — Bucquoy, Dautzenberg et Dollfus Moll. Roussillon t. 28 fig. 12—15.
— — Kobelt Prodromus p. 211.
— — Tryon Manual VIII p. 205 t. 64 fig. 3 (?).

Gehäuse schlank und fast rein kegelförmig, einfarbig braun, selten mit dunkleren Linien oder Striemen; die zahlreichen Windungen sind flach gewölbt, die oberen deutlich, die unteren nur undeutlich gekielt, dicht spiral gestreift, mit einem stärkeren Reifen über der Naht; letzte Windung unten scharf kantig, darunter mit einer tieferen Furche, dann ausgehöhlt und fein spiral gestreift; Mündung fast quadratisch; Mundrand dünn, aussen eine Ecke bildend; Spindel schief.

Aufenthalt in den wärmsten Parthieen des Mittelmeers.

Diese Art steht der tertiären Turritella subangulata Brocchi sehr nahe und wurde anfangs auch dafür genommen. Die Abbildung bei Tryon hat mit meinen Exemplaren, die völlig mit den Photographien bei Bucquoy stimmen, kaum eine Aehnlichkeit.

Genus Turritellopsis Sars.

(Tachyrhynchus Mörch).

Testa ei Turritellae simillima, sed habitu arctico. Radula lamellis lateralibus omnino destituta.

Gehäuse von dem von Turritella nur durch den arktischen Habitus unterschieden, aber die Radula ohne Marginalzähne, so dass die kleine Gruppe als selbständige Gattung anerkannt werden muss.

1. Turritellopsis acicula Stimpson.

Taf. 20. Fig. 10. 11.

Testa elongato-turrita, spira sensim attenuata, apice obtuse conico, solidula, opaca, nivea, vix nitida. Anfractus 9 angulato-convexi, liris spiralibus inaequalibus, sat elevatis, quarum in anfractu ultimo 5, in ceteris 3 magis conspicuis, striis crebris longitudinalibus subtilissime decussatis obducti; ultimus circiter $^2/_5$ testae occupans, peripheria obsolete carinatus, basi parum planulata; sutura subcanaliculata. Apertura rotundato-ovata, inferne vix expansa, labro externo tenui leviter indentato, interno aequalius arcuato.

Long. 8 Mm.

Turritella acicula Stimpson Proc. Boston Soc. IV 1851 p. 15 — id. Shells of New-England t. 1 fig. 5.
— — Gould and Binney Invert. Massach. p. 310 fig. 588.
— — Tryon Manual VIII p. 207 t. 63 fig. 12.
Turritellopsis acicula Sars Moll. arct. Norveg. p. 186 t. 10 fig. 14.
— — Kobelt Prodromus Faun. europ. p. 212.
? Turritella tenuisculpta Carpenter Pr. Calif. Akad. III 1865 p. 216 fide Tryon.

Gehäuse hoch gethürmt, Gewinde allmählig verschmälert mit stumpfem Apex; ziemlich festschalig, undurchsichtig, schneeweiss, beinahe glanzlos. Neun stark gewölbte, fast kantige Windungen, die oberen mit drei, die letzte mit fünf stärkeren und zahlreichen schwächeren Reifen, welche durch die deutlichen Anwachsstreifen sehr fein decussiert werden. Die letzte Windung macht ungefähr ²/₅ der Gesammtlänge aus, sie ist undeutlich gekielt und an der Basis leicht abgeflacht. Die Naht ist fast rinnenförmig. Die Mündung ist rundeiförmig, unten kaum ausgebreitet, Mundrand dünn, leicht eingedrückt, Spindelrand gleichmässiger gerundet.

Aufenthalt im arktischen Meer, an der amerikanischen Küste vom Cap Cod an nördlich, an Nordnorwegen, und, wenn die Identification mit T. tenuisculpta richtig ist, auch im Beringsmeer.

2. Turritellopsis erosa Couthouy.

Taf. 20. Fig. 12. 13.

Testa elongato-conica, turrita, sub epidermide rufo-fuscescente pallide corneo-fusca; anfractus 10 planiusculi, supra suturam plus minusve declives, lineis spiralibus impressis 3—5 cincti; apex plerumque erosus. Apertura subcircularis; labrum acutum, tenue, cum columella producta angulum formans.

Long. 20 mm.

Turritella erosa Couthouy Bost. Journ. Nat. Hist. II p. 103 t. 3 fig. 1.
— — Gould Invert. Massach. p. 267.
— — de Kay Zool. New-York V t. 6 fig. 122.
— — Tryon Manual VIII p. 208 t 64 fig. 13. 14.
— polaris Beck apud Möller*) Index Moll. Groenland. p. 10.

*) Testa turrita, cinereo-violacea; anfr. 12 rotundato quadrangularibus, inferne marginatis, laevibus, lineis 6 profunde impressis cinctis; basi paene concava. Long. 7,5'''.

Gehäuse lang kegelförmig, gethürmt, unter einer hell rothbräunlichen Epidermis blass hornbräunlich; die zehn Windungen sind obenher flach, fallen aber gegen die untere Naht steil ab, so dass sie etwas über einander vorstehen; sie sind nur mit 3—5 Spiralfurchen skulptirt, ohne jede Rippung. Die Basis ist gerundet. Die Mündung ist fast kreisrund. Der Mundrand ist scharf und bildet mit der Spindel eine deutliche Ecke.

Aufenthalt im arktischen Meer und an der Ostküste der Vereinigten Staaten bis Cap Cod herunter.

3. Turritellopsis eschrichti Middendorff.

Taf. 20. Fig. 14. 15.

Testa turrita, apice acuto, corneo-cinerea, calcarea, faucibus intense violaceis, apertura alba; anfractibus 10, applanatis, sulcis longitudinalibus exaratis; suturis canaliculatis; basi sensim sensimque, nec angulo, in convexitatem anfractus ultimi transeunte; labro tenui, vix crenulato; columella callosa.

Long. 19 mm.

Turritella Eschrichti Middendorff Beitr. Mal. ross. II p. 68 t. 11 fig. 1.

Gehäuse gethürmt, mit spitzem Apex, kalkig wie eine ächt arktische Schnecke, grauweiss, im Gaumen lebhaft violett; Mündung weiss; 10 abgeflachte Windungen mit eingeschnittenen linearen Spiralfurchen; Naht rinnenförmig; letzte Windung ganz allmählig, ohne Kante, in die Basis übergehend; Mundrand dünn, kaum ganz leicht gekerbt; Spindel schwielig.

Aufenthalt im Behringsmeer; Abbildung und Beschreibung nach Middendorff.

Der Turritellopsis erosa sehr nahe stehend und von Tryon glatt damit vereinigt. Middendorf findet aber nicht unerhebliche Unterschiede, viel flachere Windungen, schärfere Skulptur, höhere letzte Windung und Mündung, weniger abgeflachte Basis. Bei der Verschiedenheit des Fundortes dürften diese Unterschiede wohl zur Unterscheidung ausreichen.

4. Turritellopsis reticulata Mighels et Adams.

Taf. 20. Fig. 16. 17.

Testa elongato-turrita, solidula, subcalcarea, unicolor griseo-albida; anfractus 11—12

convexi, plus minusve distincte longitudinaliter costati, spiraliter sulcati, sulcis inferis profundioribus; sutura impressa. Anfractus ultimus rotundatus, ad peripheriam plerumque sulco profundiore cinctus. Apertura rotundata, labro simplice, tenui.

Long. 24 mm.

Turritella reticulata Mighels et Adams Boston Journal N. H. IV 1842 p. 50 t. 4 fig. 19.
— — Gould and Binney Invert. Massach. p. 318 fig. 586.
— lactea Möller*) Index Moll. Groenland. p. 9.
— costulata Mighels et Adams Boston Journ. N. H. IV 1842 p. 50 t. 4 fig 20.
— — Gould and Binney**) Invert. Massach. p. 318 fig. 587.
? — — Möller***) Index Moll. Groenland. p. 10.
— reticulata Tryon Manual VIII p. 208 t. 64 fig. 15—19, t. 65 fig. 24—26.
Mesalia lacteola Carpenter Suppl. Rep. Brit. Associat. 1864 p. 655.
Turritella erosa var. costata Aurivillius Vega Exped. p. 322.

Gehäuse lang gethürmt, ziemlich festschalig, im frischen Zustand hyalin, aber in den Sammlungen fast immer kalkig und schmutzig weissgrau, aus 11—12 convexen Windungen bestehend, die mehr oder minder ausgesprochen gegittert sind. Das Verhältniss der beiden Skulpturbestandtheile zu einander ist indess sehr wechselnd. Die Längsrippen sind meistens auf den oberen Windungen stärker, auf den unteren verschwinden sie ganz oder brechen an den stärkeren Spiralfurchen über der Naht ab. Von Spiralfurchen sind meistens 5 vorhanden, aber nur die unteren stärker, häufig nur die eine über der Naht, welche sich dann auch auf die letzte Windung, hier aber meist doppelt, fortsetzt. Naht eingedrückt. Letzte Windung gerundet oder unten ganz undeutlich kantig, an der Basis spiral gereift. Mündung gerundet, Mundrand einfach dünn.

Aufenthalt im hohen Norden, nur an der amerikanischen Küste bis Cap Cod herabreichend; wenn, wie Tryon will, Turritella lacteola Carp. hierhergehört, auch im Beringsmeer.

---

*) Testa turrita, diaphana, alba; anfr. 13 convexiusculis, costulato-undatis, lineis impressis 4—5 cinctis, quarum solum infimae profundiores semper adsunt; basi anfractus ultimi convexa. Long. 8'''.

**) Shell whitish, with delicate transverse striae; whorls ten, the upper ones subplicate, the last two rather smooth; body-whorl subcarinated; aperture subovate, produced anteriorly.

***) Testa turrita, alba; anfr. 12—14 cylindraceis, costis acutis, confertis et lineis longitudinalibus impressis ornatis. Long. ca. 4½'''.

Von Turr. erosa durch die schlankere Gestalt und die stets bemerkbaren Längsrippchen gut verschieden.

Genus Mesalia Gray.

Testa turritelliformis, anfractu ultimo rotundato, apertura basi effusa subcanaliculata, columella recedente, basi leviter contorta. Operculum circulare nucleo centrali, anfractibus quam in Turritellis minus numerosis.

Gehäuse dem von Turritella ähnlich, die letzte Windung gerundet, ohne Basalkante, die Mündung unten ausgussartig zusammengedrückt, fast kanalartig, die Spindel zurückweichend und unten leicht gedreht. Der Deckel ist kreisrund mit centralem Nucleus, wie bei Turritella, hat aber nicht so zahlreiche Umgänge. Auch das Gebiss ist in soweit verschieden, als die Schneiden der Seiten- und Randzähne glatt sind.

Nur wenige Arten, die sicheren von Westafrika; ob die chinesischen auch hierher gehören, muss die Untersuchung des Gebisses ergeben.

1. Mesalia brevialis Lamarck.

Taf. 21. Fig. 1—3.

Testa perforata, elongate conico-turrita, solida, unicolor griseo-fulva; spira turrita, apice acuto. Anfractus 15 convexi, sutura distincta discreti, subtiliter striati, confertim et tenuissime spiraliter lineati, superi tricarinati, carinis aequalibus, inferi liris 5 planis cincti, interstitio inter liram primam et secundam latiore, excavato, lira infera subobsoleta; anfractus ultimus rotundatus, liris circiter 10, duabus inferis circa perforationem distinctis. Apertura obliqua, elongato-ovata, livide rosacea, basi in canalem latum sinistrorsum effusa; labrum acutum, supra profunde sinuatum, dein productum; margo columellaris solutus, perforationem distinctam relinquens, pliciforme-contortus, dilatatus, callo distincto cum externo junctus.

Long. ad 75 mm.

Le Mesal Adanson Coquill. Sénégal p. 159 t. 10 fig. 7.

Turritella brevialis Lamarck*) Anim. sans vert. vol. VII p. 58.
— — Kiener Coq. vivants p. 40 t. 12 fig. 1.
— mesal Deshayes**) Lam. Anim. sans vert. II vol. IX p. 261.
— brevialis Reeve Conchol. icon. sp. 16.
Mesalia brevialis Reeve Conchol. icon. Mesal. sp. 2.
— — Weinkauff Mittelmeerconch. II p. 522 (ex parte).
— — Tryon Manual VIII p. 209 t. 65 fig. 27–29.
— sulcata Gray teste Weinkauff.

Gehäuse deutlich durchbohrt, lang gethürmt kegelförmig, seltener mehr gedrungen, dickschalig, einfarbig graugelb; Gewinde gethürmt, Apex spitz. Etwa 15 gewölbte Windungen, durch eine deutliche Naht geschieden, dicht und fein spiral gefurcht, die oberen mit drei gleichen Kanten, die unteren mit fünf wenig vorspringenden Spiralreifen, von denen der erste und der zweite stärker und durch einen breiteren ausgehöhlten Zwischenraum geschieden sind; die letzte Windung ist gerundet, mit 10 Reifen, von denen die unteren schwächer, die beiden letzten aber wieder deutlicher sind; sie hat deutlichere Anwachsstreifen, als die oberen. Die Mündung ist schief gerichtet, lang eiförmig, innen schmutzig rosa, unten zu einem nach links gerichteten, ausgussartigen Kanal zusammengedrückt; der Mundrand ist scharf, oben ausgebuchtet, dann vorgezogen, der Spindelrand breit, lostretend, mit deutlicher gedrehter Falte, durch einen breiten Callus mit der Insertion des Aussenrandes verbunden.

Aufenthalt am Senegal. — Die Angaben über Vorkommen im Mittelmeer beziehen sich sämmtlich auf die folgende Art, die ich für gut verschieden halte.

2. Mesalia varia Kiener.

Taf. 21. Fig. 8–11.

Testa imperforata, conico-turrita, solidula, unicolor fulva; spira turrita, apice acuto. Anfractus numerosi, convexi vel subangulati, striis incrementi lineisque spiralibus confertis sculpti, liris 5 majoribus cingulati, inter primam et secundam subexcavati, sutura distincta

*) T. testa abbreviato-turrita, alba, anfractibus convexis, laevibus, prope marginem superiorem unisulcatis; ultimo ventricoso.

**) T. testa elongato-turrita transversim tenue sulcata, ad suturam sulcis duobus majoribus; anfractibus convexis, albis vel violascentibus; apertura ovata, basi dilatata; labro tenui, antice producto.

discreti; ultimus rotundatus, basi lira majore intrante munitus. Apertura ovato-rotundata, basi compressa, effusa, columella recedente, ad modum plicae contorta.

Turritella varia Kiener*) Coq. vivants p. 42 t. 2 fig. 3.
Mesalia varia Reeve Concholog. icon. sp. 2 b.
— — Kobelt Prodromus p. 910.
— brevialis Weinkauff et auct. mediterr., nec Lam.
Turritella mesal Allen Catal. Porto p. 156.
Mesalia varia Tryon Manual VIII p. 209 t. 65 fig. 30.
? — suturalis Forbes Rep. Aegean Invert. p. 189.

Gehäuse gethürmt konisch, ziemlich festschalig, einfarbig bräunlichgelb, mit gethürmtem Gewinde und spitzem Apex. Es sind zahlreiche (12—15) Windungen vorhanden, welche durch eine deutliche Naht geschieden werden; sie sind gut gewölbt bis kantig, deutlich gestreift, mit dichten erhabenen Spirallinien umzogen, zwischen denen fünf stärkere Reifen vorspringen; der Zwischenraum zwischen den beiden oberen Reifen ist eingedrückt bis ausgehöhlt. Die letzte Windung ist gerundet und trägt unten einen stärkeren, eindringenden Reifen. Die Mündung ist rundeiförmig, unten ausgussartig zusammengedrückt, die Spindel unten zurückweichend und faltenartig gedreht.

Aufenthalt an Westafrika vom Senegal bis Portugal und im vorderen Theile des Mittelmeers, besonders häufig in der Bucht von Algesiras. Nach Tryon ist Turritella caribaca d'Orb. von Cuba mit unsrer Art zu vereinigen, so dass sie an beiden Küsten des atlantischen Ozeans vorkäme.

3. Mesalia? opalina Ad. et Reeve.

Taf. 21. Fig. 4.

T. subventricoso-turrita, tenuicula, anfractibus duodecim rotundatis, superne depresso-canaliculatis, sub lente minutissime creberrime inciso-striatis; pellucido-alba, fuscescente pallide concentrice flammata. — Rve.

Long. (ex icone) 60 mm.

Turritella opalina Adams et Reeve Voy. Samarang p. 48 t. 12 fig. 7.
— — Reeve Concholog. icon. sp. 51.
Mesalia opalina Tryon Manual vol. 8 p. 210 t. 65 fig. 33.

---

*) T. testa turrita, conica, acuminata, tenuissime striata, cinereo-violacea vel caerulescente; anfractibus convexis, carinatis; apertura magna, ovali, labro dextro ad basim extus inflexo.

Gehäuse gethürmt, etwas bauchig, ziemlich dünnschalig, aus zwölf gerundeten, oben rinnenförmig eingedrückten Windungen bestehend, die unter der Loupe ganz fein und dicht mit eingeschnittenen Linien umzogen sind. Färbung durchsichtig weiss mit spärlichen braunen Striemen auf den letzten Umgängen.

Aufenthalt im chinesischen Meer, Abbildung und Beschreibung nach Reeve.

Diese eigenthümliche Art nähert sich in der Mundbildung einigermassen den Mesalien und wird deshalb von Tryon zu dieser Gattung gestellt; der Beweis wäre erst noch zu erbringen. Nach Tryon wäre die Abbildung vergrössert, die Art nur 25 mm lang; Reeve gibt das nicht an.

4. Mesalia melanoides Reeve.

Taf. 21. Fig. 5.

Testa conico-turrita, albida, maculis parvis subquadratis castaneis varie ornata; anfractus 10 supra concaviusculi, oblique longitudinaliter plicato-costati, striis spiralibus confertis numerosis decussati lirisque majoribus circiter 8 in ultimo, 4 - 5 in superis cincti; sutura impressa; apertura ovata.

Long. 40 mm.

Mesalia melanoides Reeve Concholog. icon. sp. 3.

— — Tryon Manual VIII p. 209 t. 65 fig. 32.

Gehäuse gethürmt langkegelförmig, weisslich mit kleinen, viereckigen, kastanienbraunen Fleckchen, die in den Zwischenräumen der Rippen ziemlich regelmässig angeordnet sind. Die zehn Windungen sind obenher eingedrückt, mit schiefen Rippenfalten skulptiert, durch dichte, feine Spirallinien decussiert und auf den oberen Windungen mit 4—5, auf der letzten mit 8—9 stärkeren Spiralreifen umzogen. Naht eingedrückt; Mündung spitzeiförmig.

Aufenthalt unbekannt; Abbildung und Beschreibung nach Reeve.

5. Mesalia? suturalis Kiener.

Taf. 21. Fig. 6. 7.

Testa crassa, turrita, transversim sulcata, maculis longitudinalibus brunneo-nebulosis distincta; anfractibus convexis, rotundatis; suturis excavatis; apertura circulari; labro incrassato. — Kiener.

Long. 42 mm.

Turritella suturalis (Wood) Kiener Coq. vivants p. 26 t. 9 fig. 1, nec Forbes.

Gehäuse getbürmt, fast treppenförmig aufgewunden, für seine Grösse auffallend dickschalig, nicht sehr schlank; Gewinde regelmässig konisch, Apex spitz. Zwölf sehr convexe, gerundete Windungen, fast getrennt durch eine tiefe, nach unten rinnenförmig werdende Naht, jede mit 5—6 tiefen regelmässigen Spiralfurchen; die letzte Windung ist oben geschultert, in der Mitte fast glatt, unten nur fein spiral gestreift. Mündung klein, oval, ganzrandig, fast gelöst, unten gerundet. Die Färbung ist gelblichbraun mit dunkleren, etwas welligen, wolkig verwaschenen Längsstriemen, die Basis dunkler und einfarbig.

Aufenthalt unbekannt; Abbildung und Beschreibung nach Kiener.

Eine verschollene Art, die Tryon überhaupt nicht bei den Turritelliden anführt. Die Mündungsform passt auch zu Mesalia nicht ganz, aber doch eher, wie zu Turritella.

Species nondum figuratae.

1. Turritella aureocincta Martens.

Testa turrita, alba, costis spiralibus sat confertis, binis vel ternis in quovis anfractu magis prominentibus, subgranulosis, aureis sculpta, sutura saepius iterum aurea; anfractus 13, primi laeviusculi, unicarinati, sutura profundiore discreti; ultimus infra obtuse angulatus. Apertura circiter $^1/_6$ longitudinis aequans, quadrangula, margine columellari verticali, angulum rectum cum margine basali formante.

Long. 19, diam. 4,5 mm.

Turritella aureocincta Martens Sitzungsber. Gesellsch. naturf. Freunde Berlin 1882 p. 107.

Vavao, Freundschaftsinseln.

2. Turritella puncticulata Sowerby.

Testa robusta, pallide fulva, liris spiralibus numerosis, validis, rotundatis, minute punctato-maculatis et interstitiis sulcatis sculpta; anfractibus rotundatis, numerosis, flammulis fuscis ornatis; ultimo subangulato, infra angulum planiusculo.

Long. — ?

Turritella puncticulata Sowerby Proc. Zool. Soc. London 1870 p. 253.

Agulhas Bank.

3. Turritella (Torcula) acropora Dall.

Testa elongata, albida, vel violacea, rufo-fusco flammulata, liris majoribus fusco articulatis; apex albus, politus, anfr. 2 convexis. Anfractus circa 15, superi medio carinati, sequentes liris majoribus nonnullis pluribusque minoribus cincti, infimi fere subsoluti, ultimus rotundato-angulatus, basi subexcavatus. Apertura subquadrata; columella arcuata, tenuis; labrum externum tenue, sinuosum, infra subangulatum.

Long. 31, diam. 8 mm.

Turritella (Torcula) acropora Dall. Rep. Blake II p. 264.

Westindien, Florida bis Cap Hatteras.

Erklärung der Tafeln.

Tafel 1.

Fig 1—3. Turritella variegata L. — Fig. 4. 5. T. trisulcata Lam. — Fig. 6. 7. T. bicingulata Kien.

Tafel 2.

Fig. 1. 2. Turritella duplicata L. — Fig. 3. 4. T. monterosatoi Kob.

Tafel 3.

Fig. 1. Turritella duplicata L. — Fig. 2. T. attenuata Rve. — Fig. 3. T. carinifera Lam. — Fig. 4. T. torulosa Kien.

Tafel 4.

Fig. 1. T. ferruginea Rve. — Fig. 2. T. cochlea Rve. — Fig. 3. T. multilirata Ad. et Rve. — Fig. 4. T. conspersa Ad. et Rve. — Fig. 5. T. fascialis Mke. — Fig. 6. T. monilis m. (= monilifera Ad. et Rve.). — Fig. 7. T. incisa Rve. — Fig. 8. T. aquila Ad. et Rve. — Fig 9. T. concava Mrts. — Fig. 10. T. bicolor Ad. et Rve. — Fig. 11. T. spina Cr. et Fischer.

Tafel 5.

Fig. 1. Turritella cerea Rve. — Fig. 2. T. rosea Quoy. — Fig. 3. T. banksii Rve. — Fig. 4. T. gemmata Rve. — Fig. 5. T. gunni Rve. — Fig. 6. T. fastigiata Ad. et Rve. — Fig. 7. T. sinuata Rve. — Fig. 8. T. vittulata Ad. et Rve. — Fig. 9. T. pagoda Rve. — Fig. 10. T. congelata Rve. — Fig. 11. T. hookeri Rve.

Tafel 6.

Fig. 1. Turritella spectrum Rve. — Fig. 2. T. nivea Rve. — Fig. 3. declivis Rve. — Fig. 4. T. hanleyana Rve. — Fig. 5. T. clathrata Kien. — Fig. 6. T. tasmanica Rve. — Fig. 7. T. candida Rve. — Fig. 8. T. constricta Rve. — Fig. 9. T. canaliculata Rve. — Fig. 10. T. congelata Rve. — Fig. 11. T. hookeri Rve.

Tafel 7.

Fig. 1. Turritella cerea Rve. — Fig. 2. T. terebra Rve. — Fig. 3. 4. T. banksii Gray. — Fig. 5. T. clathrata Kien. — Fig. 6. 7. T. cooperi Carp. — Fig. 8. 9. T. nodulosa Sow.

Tafel 8.

Fig. 1—4. Turritella crocea Kien. — Fig. 5. 6. T. australis Quoy. — Fig. 7. 8. T. fragilis Kien.

Tafel 9.

Fig. 1—3. Turritella lentiginosa Rve. — Fig. 4. 5. T. nodulosa Sow. — Fig. 6. 7. T. cingulata Kin.

Tafel 10.

Fig. 1—3. Turritella marmorata Kien. — Fig. 4—7. T. rosea Quoy.

Tafel 11.

Fig. 1—5. Turritella goniostoma Val.

Tafel 12.

Fig. 1. Turritella marmorata Kien. — Fig. 2—5. T. triplicata Stud. — Fig. 6—11. T. communis Risso.

Tafel 13.

Fig. 1. Turritella leucostoma Val. — Fig. 2—6. T. ungulina L.

Tafel 14.

Fig. 1—5. Turitella tigrina Kien. — Fig. 6—7. T. flammulata Kien.

Tafel 15.

Fig. 1. 2. Turritella columnaris Kien. — Fig. 3—7. T. maculata Rve. — Fig. 8. T. leucostoma Val.

Tafel 16.

Fig. 1. Turritella terebra L. — Fig. 2—5. T. exoleta L.

Tafel 17.

Fig. 1. Turritella bacillum Kien. — Fig. 2. T. sanguinea Rve. — Fig. 3. T. cumingii Rve. — Fig. 4. 5. T. radula Kien. — Fig. 6. T. infraconstricta Smith. — Fig. 7. T. turbona Mtrs.

Tafel 18.

Fig. 1. 2. Turritella caelata Mörch. — Fig. 3. 4. T. dura Mörch. — Fig. 5. T. acuta T. Woods. — Fig. 6. T. alba H. Ad. — Fig. 7. T. fuscocincta Petit. — Fig. 8. T. parva Ang.

Tafel 19.

Fig. 1. Turritella cordismei Wats. — Fig. 2. T. austrina Wats. — Fig. 3. T. deliciosa Wats. — Fig. 4. T. admirabilis Wats. — Fig. 5. T. lamellosa Wats. — Fig. 6. T. run-

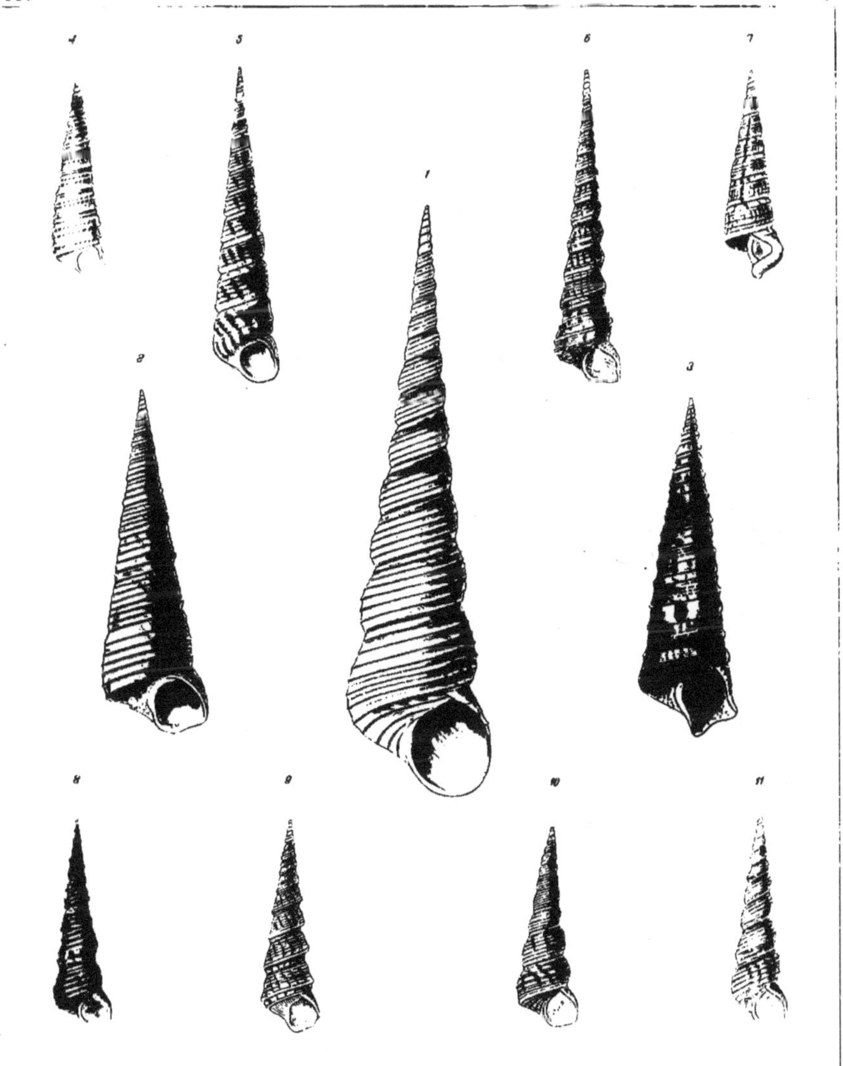
4
5
6
7
1
2
3
8
9
10
11

cinata Wats. — Fig. 7. T. accisa Wats. — Fig. 8. T. carlottae Wats. — Fig. 9. T. philippinensis Wats.

Tafel 20.

Fig. 1. Turritella yucatecana Dall. — Fig. 2. T. fultoni Nev. — Fig. 3. T. leptomita Melv. et Sykes. — Fig. 4. 5. T. capensis Kr. — Fig. 6. 7. T. knysnaensis Kr. — Fig. 8. 9. T. decipiens Mtrs. — Fig. 10. 11. Turritellopsis acicula Stimps. — Fig. 12. 13. T. erosa Couth. — Fig. 14. 15. T. eschrichti Midd. — Fig. 16. 17. T. reticulata Stimps.

Tafel 21.

Fig. 1—3. Mesalia brevialis Lam. — Fig. 4. M. opalina Ad. et Rve. — Fig. 5. M. melanoides Rve. — Fig. 6. 7. M. suturalis Kien. — Fig. 8—11. M. varia Kien.

Register.

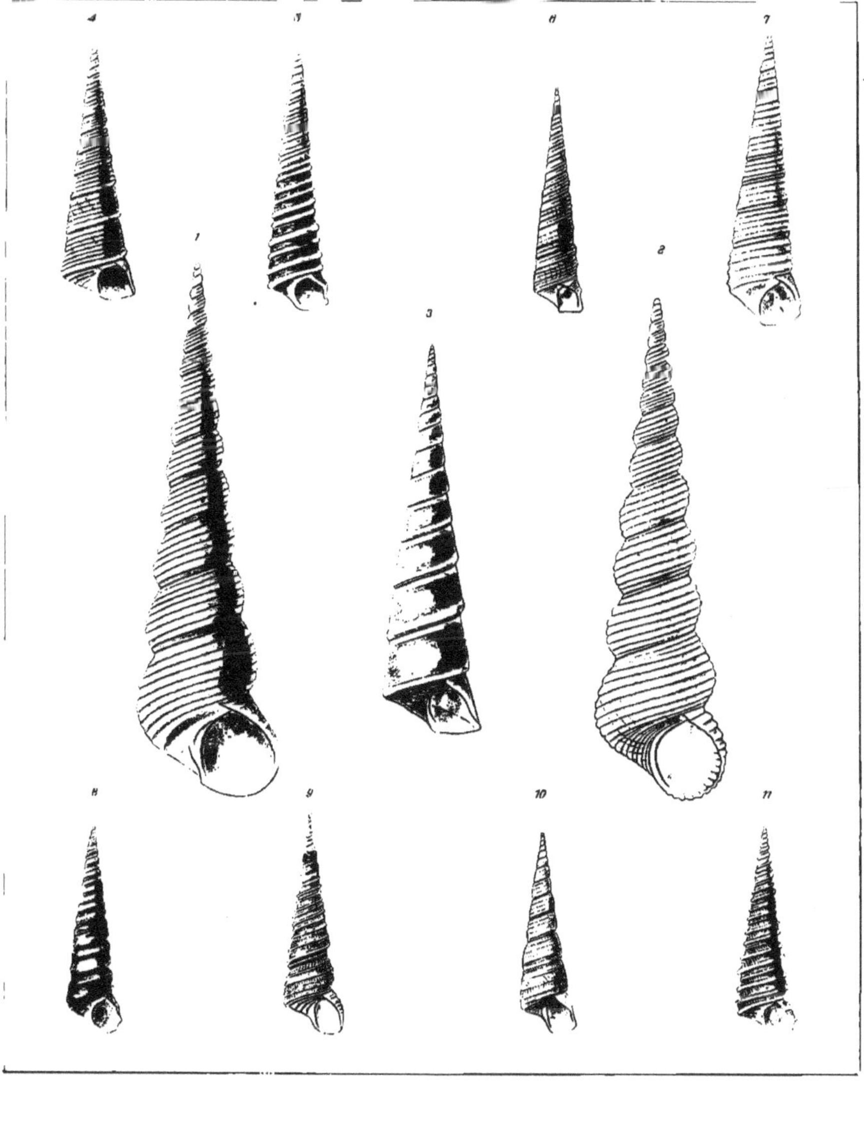

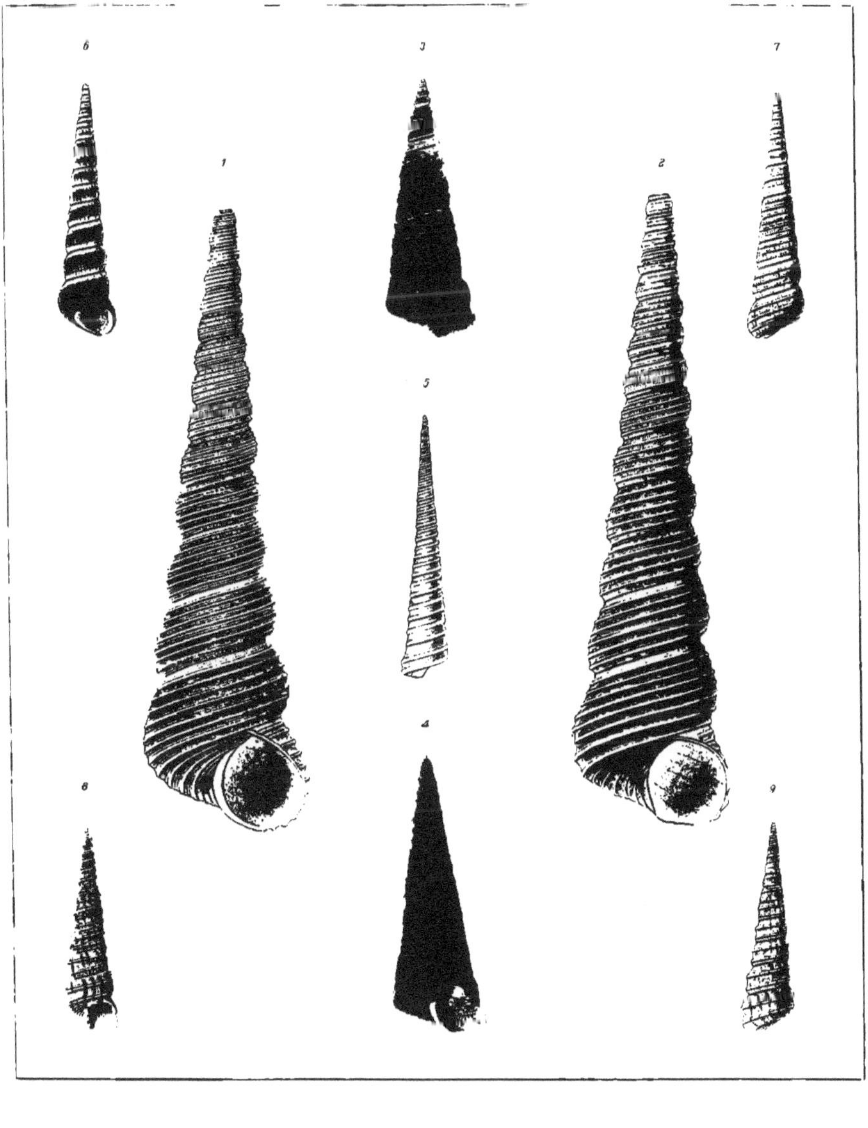
6
3
7
1
2
5
4
8
9

I 27 1

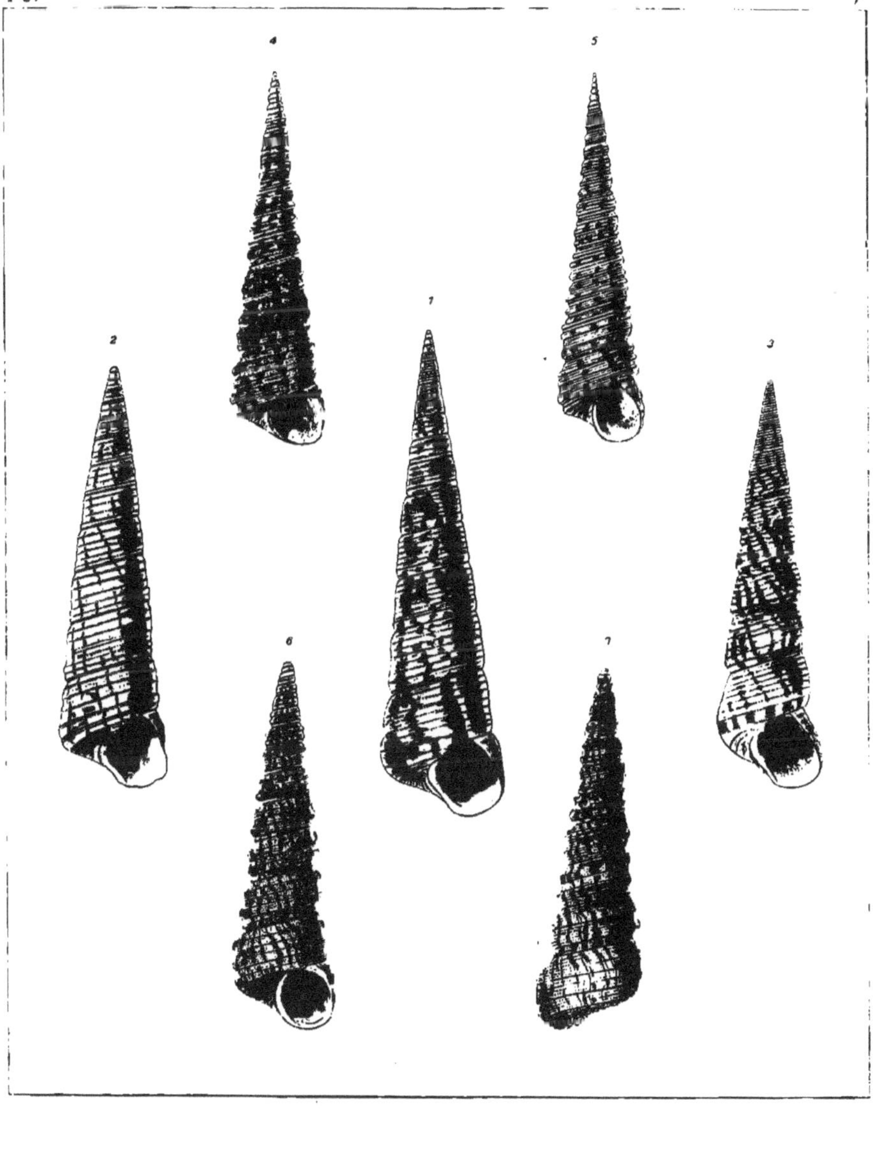

I.27

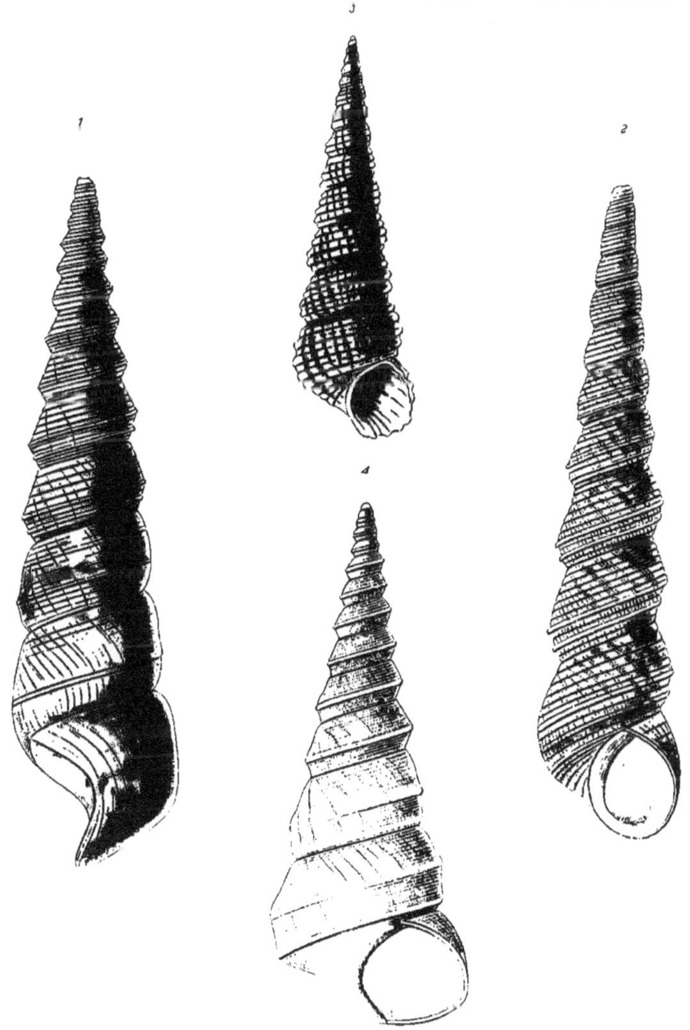

127

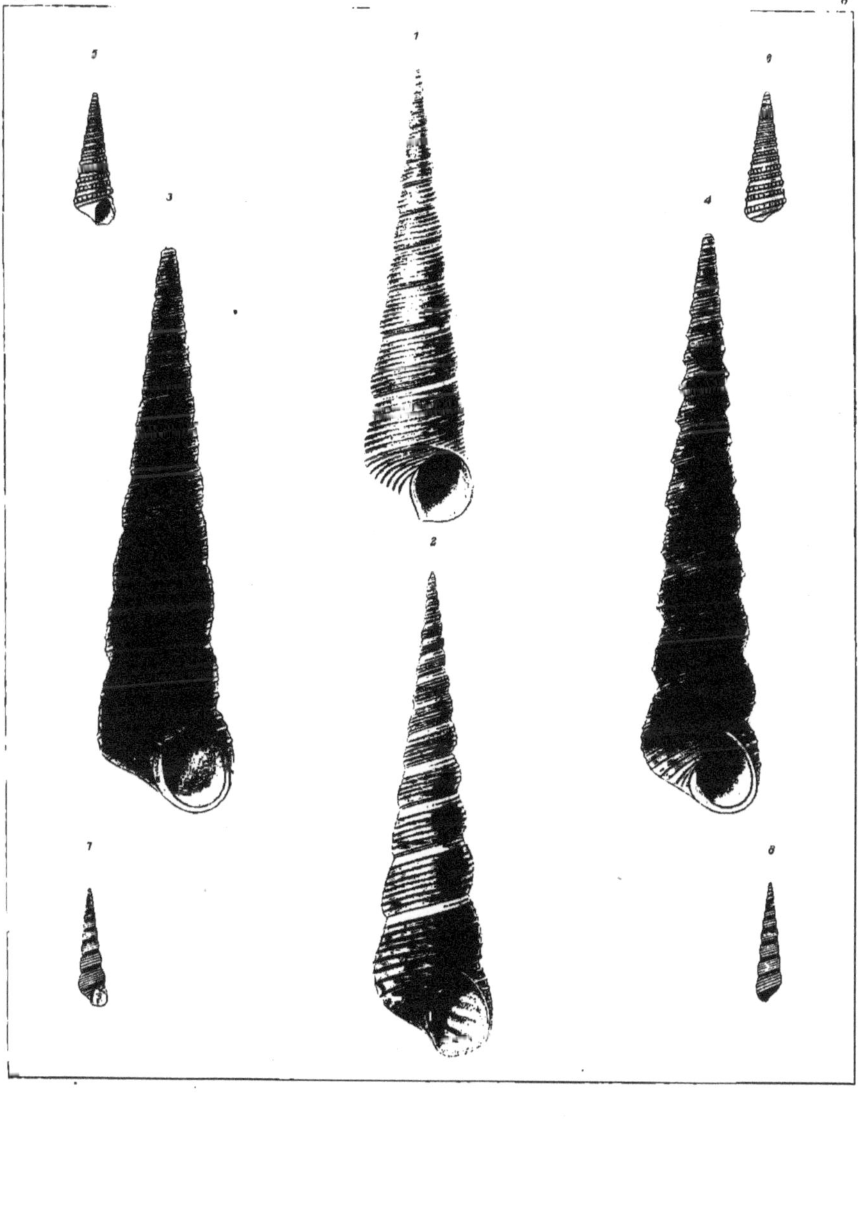

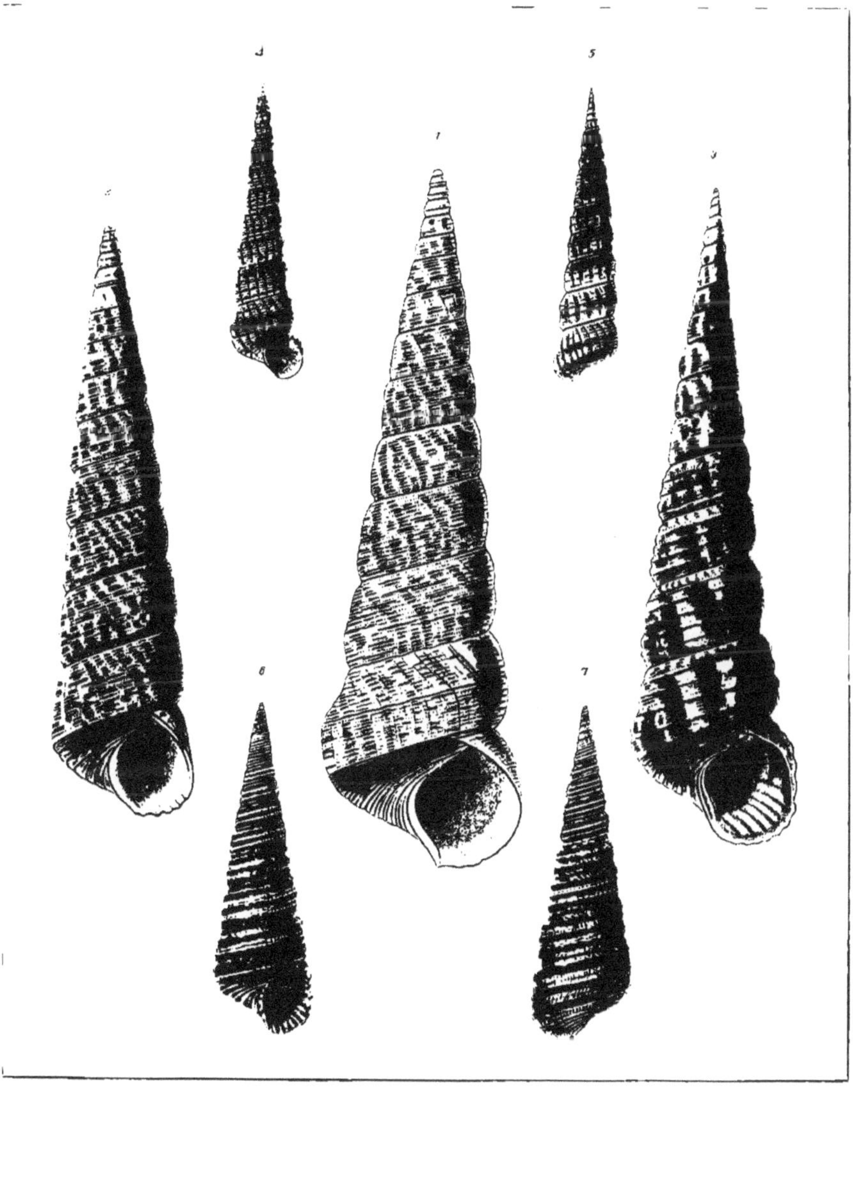

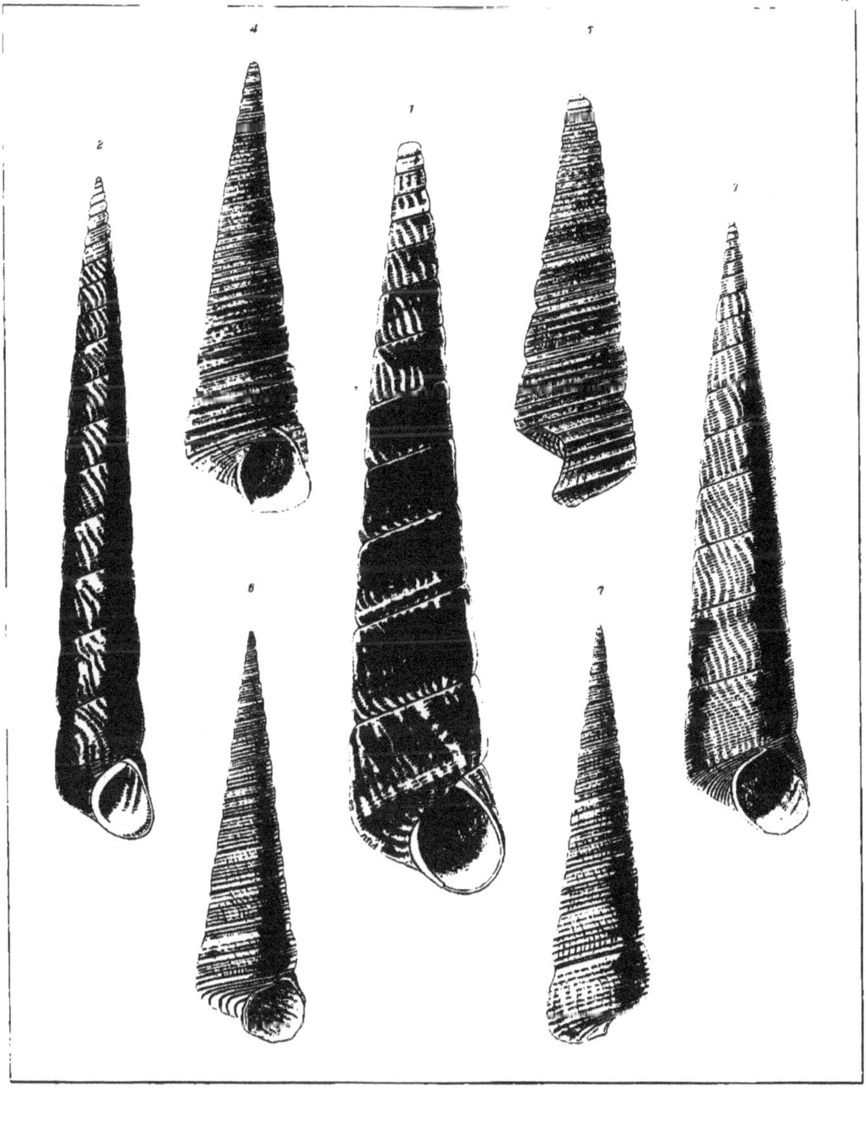
4
5
1
2
3
6
7

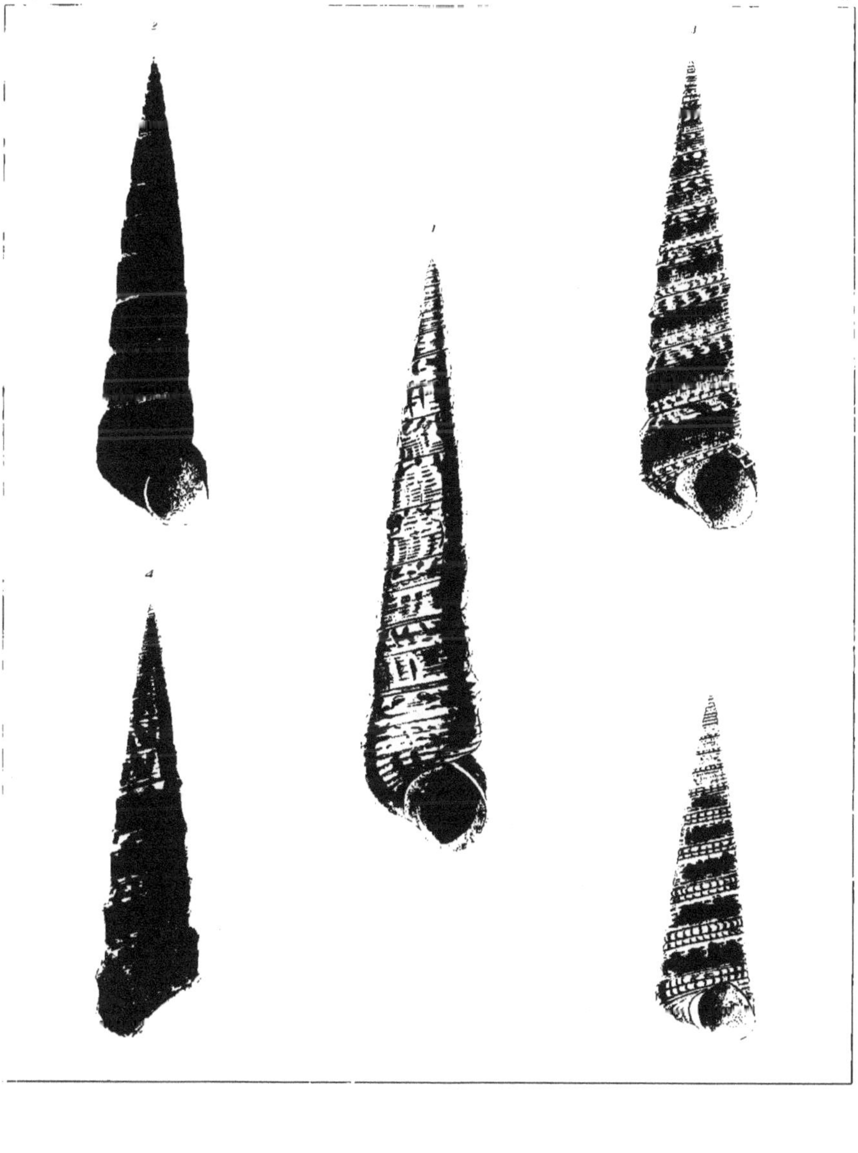
2
3
1
4

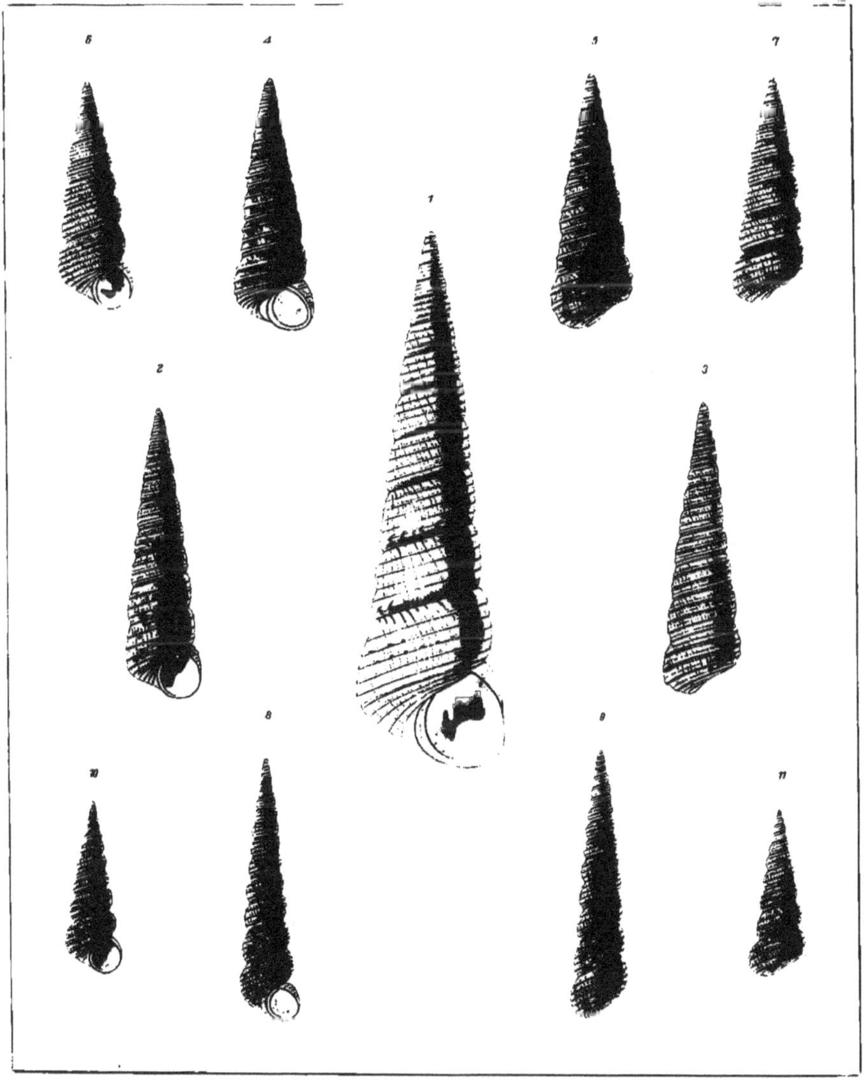
6
4
5
7
1
2
3
8
9
10
11

T.37

13

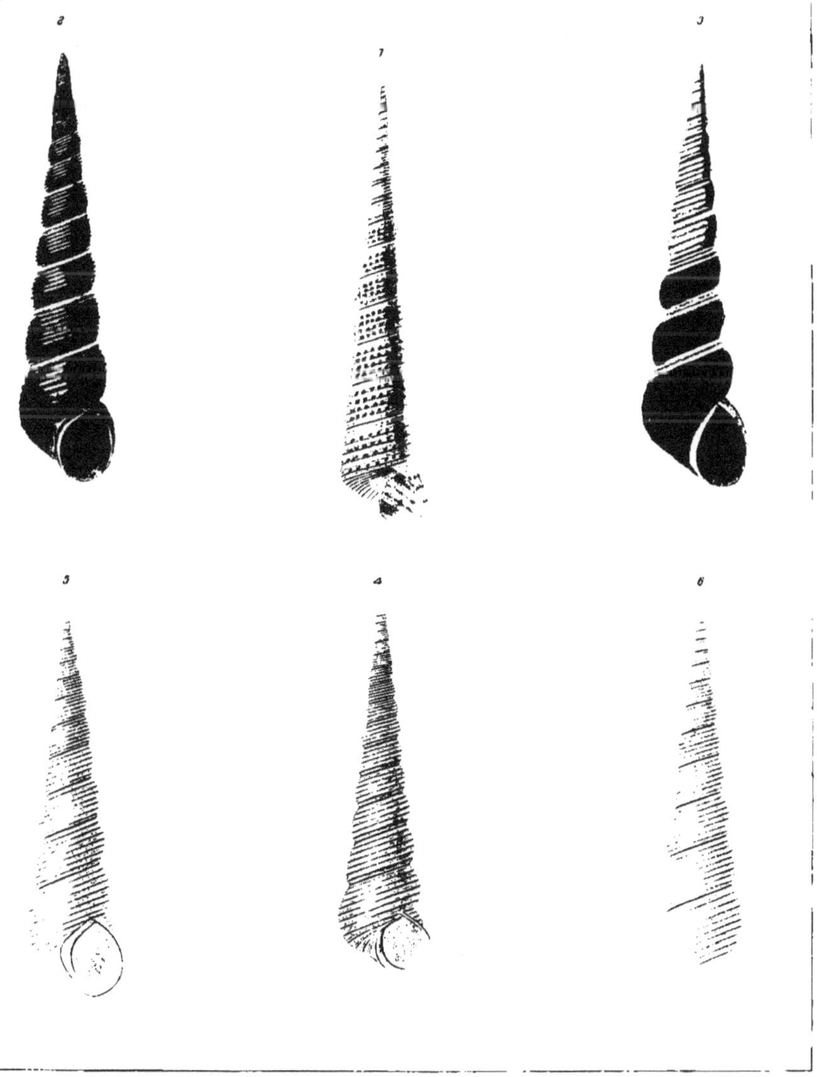

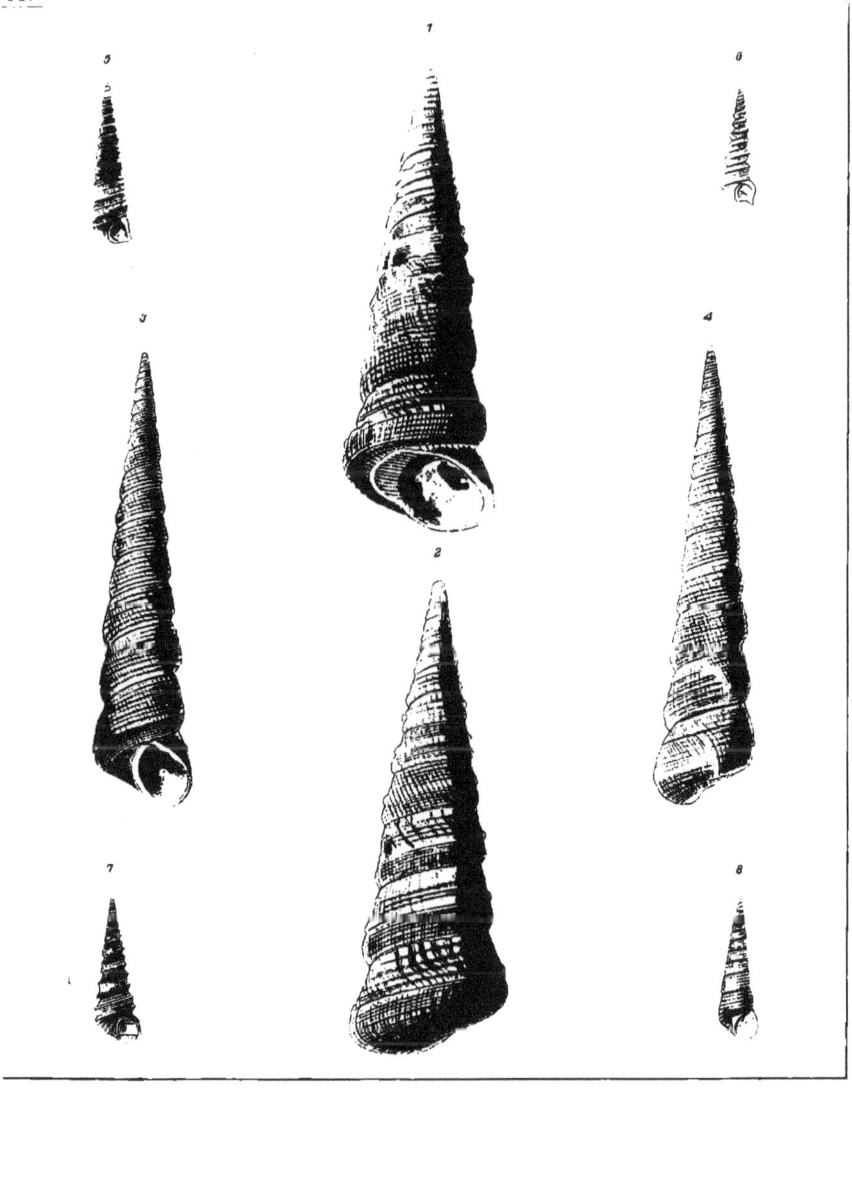
1
2
3
4
5
6
7
8

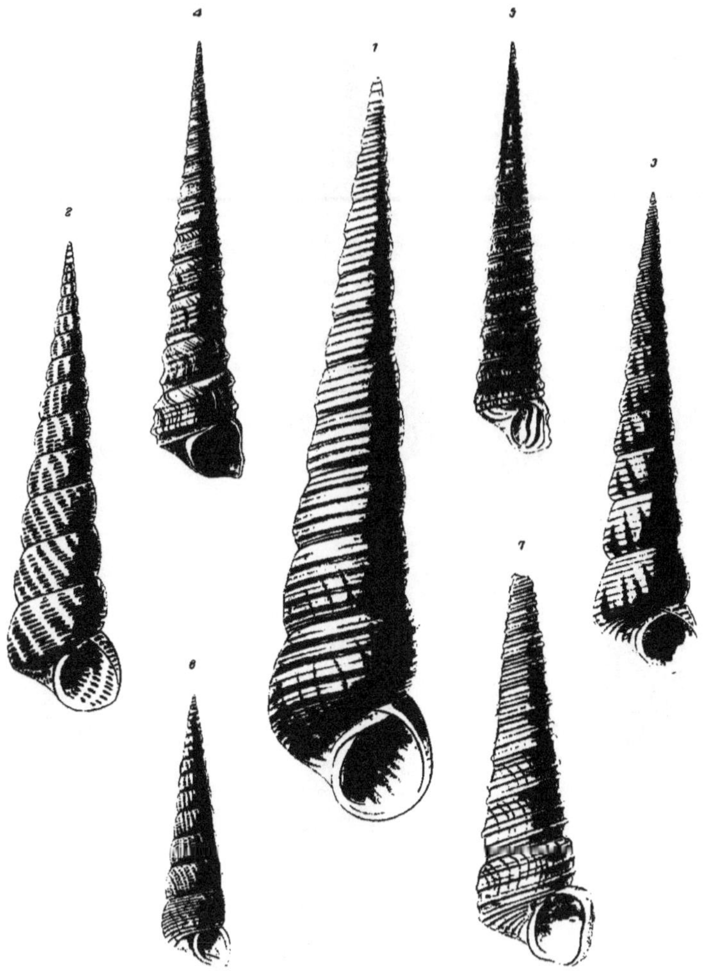

4
5
1
3
2
7
6

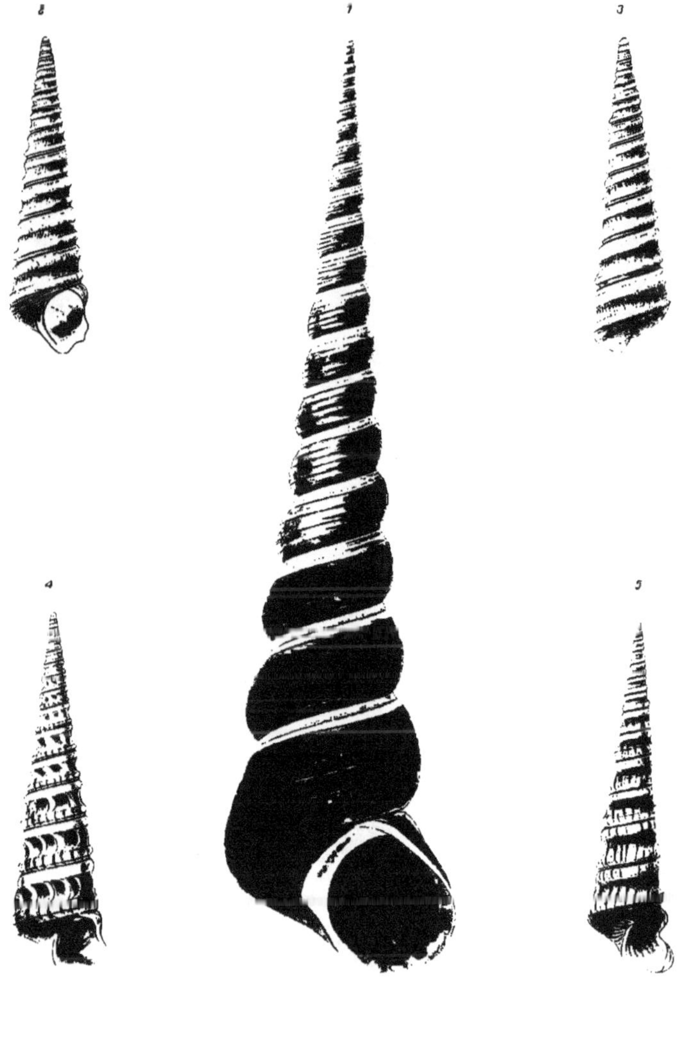
2
1
3
4
5

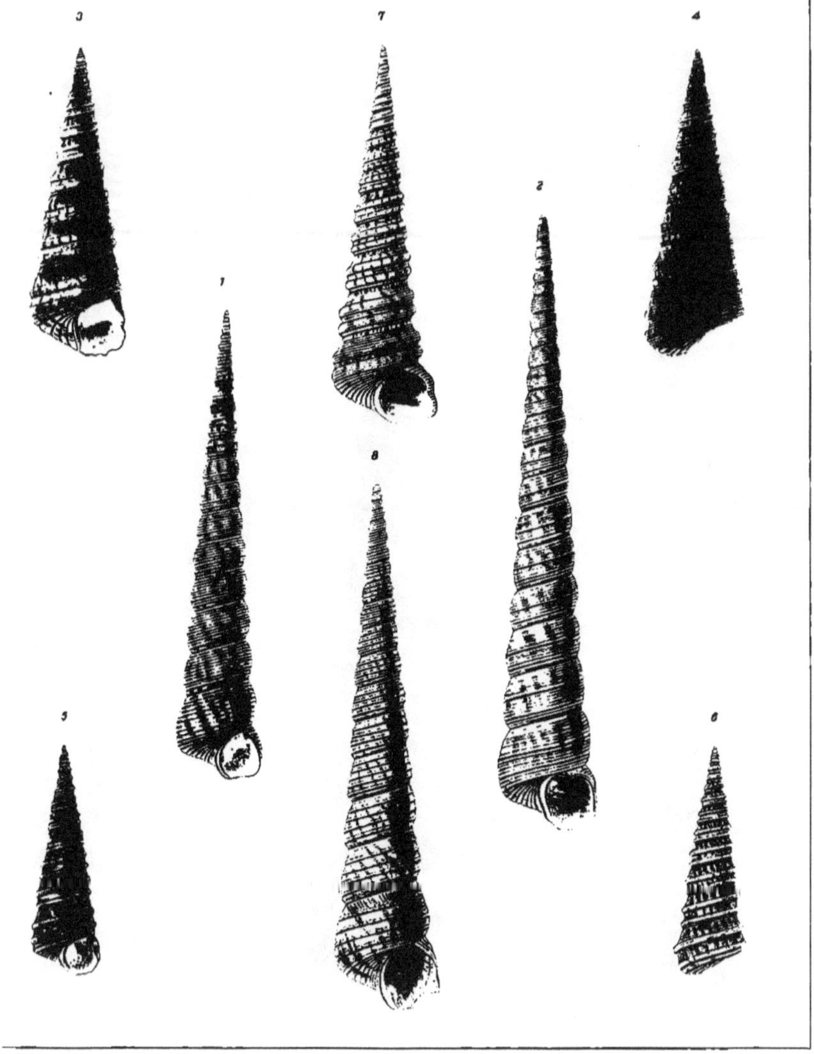
3
7
4
1
2
8
5
6

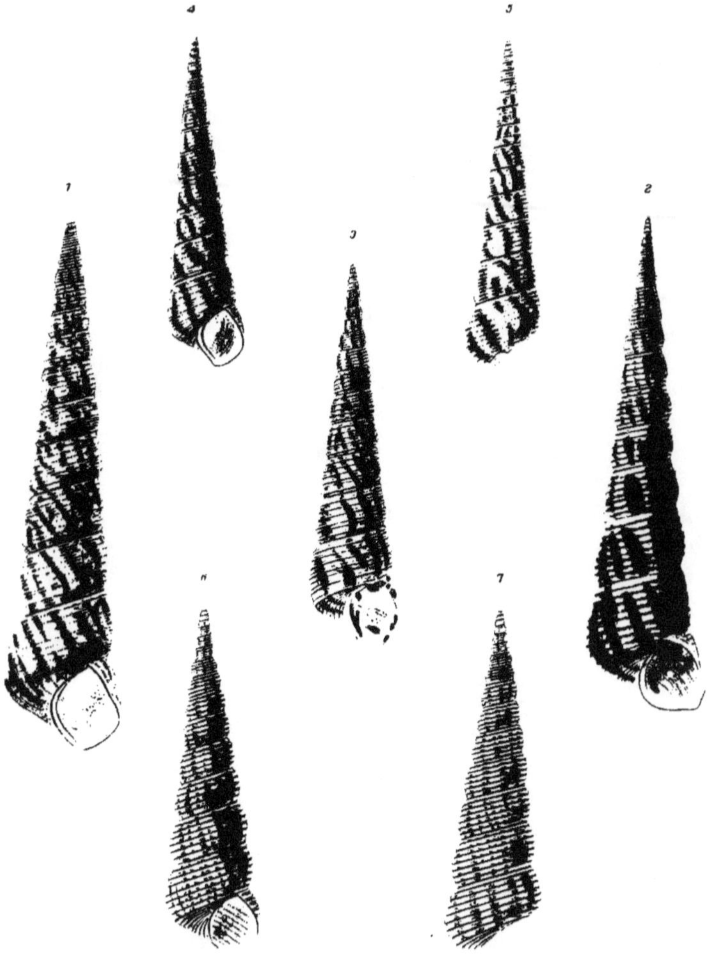
4
5
1
3
2
6
7

4
5
2
6
7
8
1
9
12
13
14
15
10
11
10
3
11

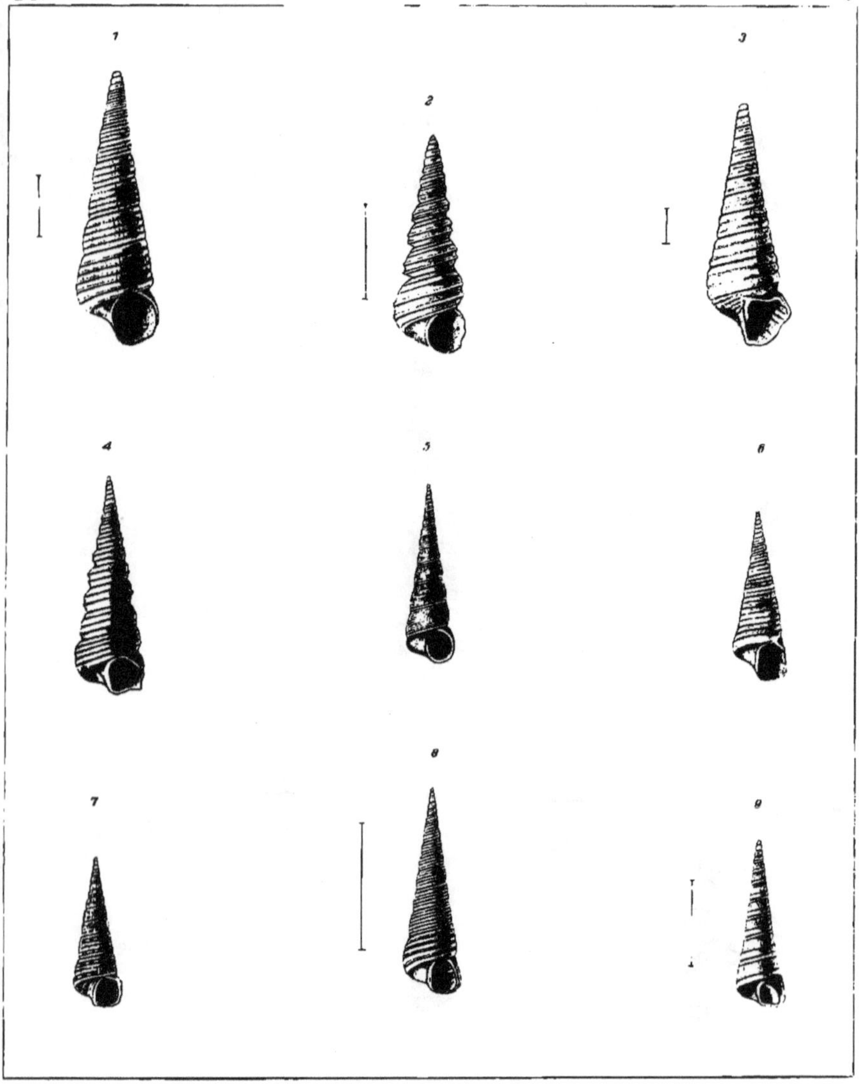
1
2
3
4
5
6
7
8
9

www.ingramcontent.com/pod-product-compliance
Lightning Source LLC
Chambersburg PA
CBHW021822190326
41518CB00007B/707
9783744637435